詳解

基礎から学ぶAndroidアプリの宣言的UI

Jetpack Compose

臼井篤志 [著]

技術評論社

⭘ 本書のサンプルプログラムについて

本書のサンプルプログラムは、下記のGitHubにて公開しています。

https://github.com/usuiat/compose-book-samples

本書に掲載するコードは可読性を高めるためimport文や説明に関係しない部分を省略しています。そのためサンプルプログラムを手もとで確認できるようにしながら読み進めることをお勧めします。

サンプルプログラムのフォルダ構成などは、リポジトリのREADMEをご覧ください。

⭘ 本書の正誤表や追加情報について

本書の正誤表や追加情報は、下記の本書サポートページをご参照ください。

https://gihyo.jp/book/2024/978-4-297-14488-3

本書に記載された内容は、情報の提供のみを目的としています。したがって、本書を用いた開発、製作、運用は、必ずお客様自身の責任と判断によって行ってください。これらの情報による開発、製作、運用の結果について、技術評論社および著者はいかなる責任も負いません。

本書記載の情報は2024年10月時点のものですので、ご利用時には変更されている場合もあります。

本書に掲載されているサンプルプログラムやスクリプト、および実行結果や画面イメージなどは、特定の設定に基づいた環境にて再現される一例です。

ソフトウェアに関する記述は、本文に記載してあるバージョンをもとにしています。ソフトウェアはバージョンアップされる場合があり、本書での説明とは機能内容や画面図などが異なってしまうこともあり得ます。本書ご購入の前に、必ずバージョン番号をご確認ください。

以上の注意事項をご承諾いただいた上で、本書をご利用願います。これらの注意事項をお読みいただかずにお問い合わせいただいても、技術評論社および著者は対処しかねます。あらかじめ、ご承知おきください。

本書に登場する製品名などは、一般に各社の商標または登録商標です。なお、本書中にTM、Ⓒ、Ⓡなどのマークは記載しておりません。

はじめに

Jetpack Compose は Android アプリ開発の革命だ

　初めて Jetpack Compose のコンセプトを理解したとき、私はそう感じました。これまで XML で苦労して書いていた Android アプリの UI が、Kotlin の短いコードでスラスラと書けて、バグが発生しづらく、しかも書いていて楽しいのです。知れば知るほど、Jetpack Compose を好きになっていきました。この感動をたくさんの人に感じてもらい、Jetpack Compose と Android アプリ開発が好きな人を増やしたい。これが、私がこの本を執筆した理由です。

　今、アプリケーションの UI 開発は、従来の命令的 UI から宣言的 UI へのパラダイムシフトの局面を迎えています。Jetpack Compose は Android の宣言的 UI フレームワークで、複雑な UI をシンプルなコードで表現できます。Android 以外のプラットフォームでも、SwiftUI、Flutter、React などさまざまな宣言的 UI フレームワークが人気になっています。Jetpack Compose の学習をとおして身につけた宣言的 UI の知識は、Android だけでなくさまざまなプラットフォームの UI 開発に役立つはずです。

　Jetpack Compose は 2021 年に V1.0 がリリースされ、徐々にプロダクトでの利用が広まってきました。私が所属する会社でも、新しいアプリは全面的に Jetpack Compose を採用し、以前から開発しているアプリも移行が進んでいます。プロダクトでの利用が増えつつある今は、これまで XML で UI を開発してきた Android エンジニアが知識をアップデートする良いタイミングです。また Android アプリの開発を最近始めた人や、これから始める人にとっても、Jetpack Compose の歴史が浅い今は、ベテランエンジニアと肩を並べられるチャンスです。Jetpack Compose と宣言的 UI に対する理解を深めて、UI 開発を楽しみましょう。本書がその手助けとなれば幸いです。

2024 年 11 月

臼井篤志

対象読者

本書はJetpack ComposeによるUI開発を学びたい人を広く対象としています。

- Androidアプリ開発の初心者で、Jetpack Composeをこれから学びたいと思っている人
- Jetpack Composeで簡単なUIを作れるが、より実践的なUIを作れるようになりたい人
- ViewによるAndroidアプリ開発の経験があり、これからJetpack Composeに取り組みたい人
- 他のプラットフォームのアプリ開発経験があり、AndroidのUI開発を学びたい人

Jetpack Composeや宣言的UIに関する前提知識は一切不要です。基礎から丁寧に説明しているので安心して読み進めてください。

ただし、Android Studioの基本的な使い方や、Activityとは何かといったAndroidアプリ開発の基礎知識は本書では説明していません。また、Kotlinの基本的な文法は知っている前提で説明しています。それらの知識を持っている方が、スムーズに読み進められるでしょう。

本書の特徴

本書を読むことで以下の知識を身につけられます。

- 宣言的UIの特徴とComposeを採用するメリット
- Composeによる基本的なUIの構築方法
- ComposeがUIを構築し更新する仕組み
- Composeアプリの設計パターンやパフォーマンス改善のポイント
- UIコンポーネントの信頼性を高めるテストの書き方

本書は単なるサンプルコード集ではなく、読者がComposeの仕組みを理解して使いこなせるように丁寧に解説しています。Composeは発展途上のフレームワークですが、本書を読むことで、この先も長く使える普遍的な知識を身につけられます。

本書の構成

本書は2部構成です。第1部でComposeの基本的な使い方を学び、第2部でより実践的な知識を身につけます。

第1章から順に読んでいただくことを想定していますが、章ごとに独立した内容になっていますので、既に知っているところは適宜飛ばしていただいてもかまいません。

○ 第1部　Composeに親しむ

第1章ではComposeと宣言的UIの特徴を説明し、Composeのメリットを紹介します。

第2章では基本的なUIの作り方を、Composeをはじめて学ぶ人にも理解できるように丁寧に説明します。

第3章ではComposeのコードを書くために知っておきたいKotlinの文法や用法を説明します。

第4章では便利なコンポーネントや画面遷移、アニメーションなどを活用して、実践的なUIを作成します。

○ 第2部　Composeを使いこなす

第5章ではComposeがUIを構築する仕組みと、再コンポーズにより表示を更新する仕組みを説明します。

第6章ではComposeのUIコンポーネントの設計パターンと、アプリ全体の設計パターンを紹介します。

第7章ではパフォーマンスの測定と改善を行い、スムーズな表示を実現する方法を説明します。

第8章ではUIコンポーネントのテストの書き方を説明します。

検証環境

本書では下記の環境で動作を確認しました。

・Jetpack Compose 2024.10.00 (Compose 1.7.4、material3 1.3.0)
・Kotlin 2.0.21
・Android 14
・Android Studio Koala Feature Drop | 2024.1.2
・macOS Sonoma 14.6.1

また、本書の執筆内容は2024年10月時点のものです。

謝　辞

本書を執筆するきっかけを提供してくださり、執筆するかどうか迷っていた私の背中を押してくださった白山文彦さんに心より感謝いたします。白山さんには本書の企画とレビューにもご協力いただきました。ありがとうございました。

またお忙しい中、本書のレビューにご協力いただいた森篤史さん、原田伶央さん、浅沼元晴さん、向井田一平さん、東條貴希さんにも深く感謝いたします。丁寧にレビューしていただいたおかげで自信を持って本書を世に送り出すことができます。

さらに、初めて書籍の執筆に取り組む私を親切にサポートしてくださった編集者の菊池猛さんにも、この場を借りてお礼をお伝えさせてください。ありがとうございました。

最後に、長期にわたる執筆期間中に私を励ましてくれたサイボウズの同僚のみなさんと、支えてくれた家族に感謝します。

なお、本書の内容の正確性には万全を期しておりますが、万一誤りがあった場合、その責任はレビューアーの皆様ではなく筆者にあります。

目次

はじめに iii
本書について iv

第 1 部　Composeに親しむ　　1

第 1 章　なぜ宣言的UIなのか
Composeを採用するメリットを理解しよう　　1

1.1　宣言的UIの世界へようこそ 2
Composeのコードを見てみよう 3
Viewと比較してみよう 4
宣言的UIと命令的UIの比較 6
Note 本書におけるComposeの呼称 3
Note 本書におけるViewの呼称 6

1.2　命令的UIから宣言的UIへ 8
命令的UIと宣言的UIの両面を持つView 8
Viewの課題 11
純粋な宣言的UIのCompose 13

1.3　少ないコードでUIを記述できる ... 14
XMLリソースファイルが不要になる 14
ViewやFragmentの継承が不要になる 15
コードの比較 15

1.4　UIの状態管理が容易になる 17
引数が決まれば表示が決まる 18
状態を1か所で管理できる 18
KotlinのFlowとの相性が良い 20

1.5　従来のViewから段階的に移行できる ... 21
小さく始められる 22
Viewの資産を活用できる 23

1.6　今後の発展が期待できる 24

vii

目次

進化が速く後方互換性も確保される ———————— 24
マルチプラットフォーム対応が進められている ————— 25
コラム Composeのロードマップ ———————————— 25

1.7 Composeの課題 ———————————————— 27
プログラミング初心者にとってのハードル ———————— 28
パフォーマンスの改善 ——————————————————— 28
API変更の可能性 ——————————————————————— 29

1.8 まとめ ————————————————————————— 29

第2章 宣言的UIとComposeの基本
基本的なUIの作り方を学び、
宣言的UIの考え方に慣れよう　31

2.1 Android Jetpackと Composeライブラリの位置付け ——————— 32
Androidを支えるJetpack —————————————————— 33
Composeライブラリの紹介 ————————————————— 35
コラム Kotlin 2.0への移行 ————————————————— 38

2.2 はじめてのCompose ———————————————— 39
Hello, Compose! ————————————————————————— 39
Composeのエントリーポイント ——————————————— 43
コンポーザブル関数 —— UIを宣言する関数 —————— 44
プレビューで表示を確認する ———————————————— 46
Note 自動生成されるコードの違い ————————————— 42

2.3 コンポーザブルの表示 ——————————————— 47
文字列を表示する ————————————————————————— 48
画像を表示する ——————————————————————————— 52
注意 色の指定とテーマの関係 ——————————————— 52

2.4 コンポーザブルの見た目や 振る舞いのカスタマイズ —————————————— 55
modifier引数の役割 ——————————————————————— 56

viii

自由度の高いカスタマイズを可能にする
Modifierチェーン ────────────── 57

見た目をカスタマイズするModifier ─────── 57

Modifierの順番 ────────────────── 61

振る舞いを定義するModifier ────────── 63

コラム dpとsp ── Composeの大きさの単位 ──── 59

2.5 簡単なレイアウト ──────────── 64

レイアウトのためのコンポーザブル ──────── 64

サイズを指定する ──────────────── 68

スペースを空ける ──────────────── 72

位置を揃える ───────────────── 74

レイアウトをネストする ──────────── 79

注意 言語とRowの向き ──────────── 67

2.6 動的な表示の変更 ─────────── 80

クリックにより表示を変更する ───────── 80

宣言的UIにおける表示更新の仕組みを理解する ── 81

テキストフィールドを作る ──────────── 84

スクロール可能にする ───────────── 85

2.7 UIの階層化と構造化 ────────── 88

コンポーザブル関数を階層化する ──────── 89

関数によりUIを定義するメリット ─────── 92

UIの構造化 ── 繰り返し ─────────── 92

データを下位階層に渡す ──────────── 93

イベントを上位階層に返す ──────────── 95

UIの構造化 ── 条件分岐 ─────────── 97

modifier引数で汎用性を確保 ────────── 98

コラム 非表示状態のComposeとViewの違い ──── 98

2.8 プレビューの活用 ───────────── 101

プレビューを表示する ───────────── 101

2.9 まとめ ────────────────── 103

第3章 知っておきたいKotlinの文法や用法

Kotlinの文法を正しく理解して
Composeの理解を深めよう

105

3.1 アノテーションによる機能定義 106
Composeの例 —— @Composable 107

3.2 デフォルト引数による 汎用性と可読性の両立 108
名前付き引数 109
デフォルト引数 111
コラム modifier引数の順序 114

3.3 ラムダのいろいろな書き方 115
ラムダの定義方法 115
ラムダを関数の引数に渡す方法 117
Composeにおける2種類のラムダ 118

3.4 拡張関数による機能追加 119
拡張関数の定義方法 120
レシーバオブジェクト 120
クラス内拡張関数 121
レシーバを受け取るラムダ 121
Composeの例 —— RowScopeとModifier.weight 122

3.5 委譲による実装の分離 123
委譲プロパティの利用方法 123
委譲先クラスの実装イメージ 124
委譲プロパティのメリット 125
Composeの例 —— MutableState 126

3.6 まとめ 127

第4章 ComposeによるさまざまなUIの実現方法

よく利用するUIの作り方を学び、
実践的なUIを作れるようになろう

129

4.1 サンプルアプリの紹介 ⋯⋯ 130

4.2 Scaffold ── ベースとなるレイアウト ⋯ 132
Scaffoldの定義 ⋯⋯ 132
Scaffoldの利用例 ⋯⋯ 133

4.3 Lazyコンポーザブルによるリスト表示 ⋯ 135
リストの記述方法 ⋯⋯ 135
LazyColumnの利用例 ⋯⋯ 136
いろいろなLazyコンポーザブル ⋯⋯ 137

4.4 ダイアログによるメッセージの表示 ⋯ 139
AlertDialogの定義 ⋯⋯ 139
AlertDialogの利用例 ⋯⋯ 140
ダイアログの表示と結果の取得 ⋯⋯ 141

4.5 表示切り替えのアニメーション ⋯ 142
アニメーションの利用例 ⋯⋯ 142
Animate*AsStateによる値の変更のアニメーション ⋯ 144
AnimatedVisibilityによる表示と
非表示のアニメーション ⋯⋯ 145

4.6 Viewとの共存 ⋯⋯ 146
WebViewをComposeで利用する例 ⋯⋯ 146

4.7 ナビゲーションによる画面遷移 ⋯ 148
準備 ⋯⋯ 148
ナビゲーショングラフによる画面遷移と
バックスタック ⋯⋯ 149
ルートの定義 ⋯⋯ 150
ナビゲーションの実装 ⋯⋯ 151
画面遷移のアニメーション ⋯⋯ 154

4.8 テーマの活用 ⋯⋯ 155

目次

マテリアルデザインとテーマの概要 156
テーマの適用 156
テーマの定義とカスタマイズ 157
テーマの値の利用 159
コンポーネントのデフォルト値の変更 160

4.9 アクセシビリティ —— 読み上げ内容の改善 160
トークバックの確認方法 160
アイコンや画像の読み上げ 161
動作の説明の読み上げ 163

4.10 まとめ 164

第2部 Composeを使いこなす 167

第5章 **ComposeがUIを構築する仕組み**
UIの木構造や再コンポーズを理解して
応用力をつけよう 167

5.1 コンポジション —— コンポーザブルの木構造 168
コンポーザブル関数の役割 169
コンポジションのルートノード 170
コンポジションの生存期間 171
Note よく似た言葉の定義 170

5.2 再コンポーズ —— コンポジションの更新 171
再コンポーズの起点と範囲 172
再コンポーズのスキップ 173
コンポジションの構造の変更 174

5.3 型の安定とスキップの条件 175
安定した型は変化が明確 176
スキップの条件 178

5.4 コンポーザブルの状態の保持 181

xii

CONTENTS

再コンポーズを超えた状態の保持 ⋯⋯⋯⋯⋯⋯⋯⋯ 182
StateとrememberのT関係 ⋯⋯⋯⋯⋯⋯⋯⋯⋯⋯⋯ 184
構成変更を超えた状態保持 ⋯⋯⋯⋯⋯⋯⋯⋯⋯⋯⋯ 185

5.5 コルーチンによる非同期処理 ⋯⋯⋯⋯⋯⋯⋯⋯ 188
suspend関数 ── コルーチンの実体 ⋯⋯⋯⋯⋯⋯⋯ 189
launchでコルーチンを起動する ⋯⋯⋯⋯⋯⋯⋯⋯⋯ 190
CoroutineScopeでコルーチンの実行環境を
用意する ⋯⋯⋯⋯⋯⋯⋯⋯⋯⋯⋯⋯⋯⋯⋯⋯⋯⋯⋯ 192
Composeにおけるコルーチン ⋯⋯⋯⋯⋯⋯⋯⋯⋯⋯ 193
コラム コルーチンについてもっと知りたい方は ⋯⋯⋯⋯ 194

5.6 コンポーザブルの副作用 ⋯⋯⋯⋯⋯⋯⋯⋯⋯⋯ 194
副作用の定義 ⋯⋯⋯⋯⋯⋯⋯⋯⋯⋯⋯⋯⋯⋯⋯⋯⋯ 194
SideEffect ── 毎回実行 ⋯⋯⋯⋯⋯⋯⋯⋯⋯⋯⋯ 195
LaunchedEffect ── 条件が変化したときに実行 ⋯ 197
DisposableEffect ── 後片付けが必要な処理 ⋯⋯ 198
コールバック関数内に副作用を記述 ⋯⋯⋯⋯⋯⋯⋯ 199
コンポーザブル関数に副作用を直接記述(非推奨) ⋯ 200
rememberCoroutineScope
── 副作用でsuspend関数を実行 ⋯⋯⋯⋯⋯⋯⋯ 201
rememberUpdatedState
── 副作用で参照する値を更新 ⋯⋯⋯⋯⋯⋯⋯⋯⋯ 202
Composeの作用と副作用の境界 ⋯⋯⋯⋯⋯⋯⋯⋯ 203

5.7 コンポジション内のデータ共有 ⋯⋯⋯⋯⋯⋯⋯ 205
引数による単方向データフロー ⋯⋯⋯⋯⋯⋯⋯⋯⋯ 205
CompositionLocalによるデータの共有 ⋯⋯⋯⋯⋯ 206

5.8 まとめ ⋯⋯⋯⋯⋯⋯⋯⋯⋯⋯⋯⋯⋯⋯⋯⋯⋯⋯ 209

xiii

第6章 Composeアプリの設計パターン

コンポーザブル関数が利用する状態の定義方法と、
データの流れを理解しよう　211

6.1 状態を定義する場所 ―――――――――― 212
ステートフルなコンポーザブル関数 ―――――――― 212
ステートレスなコンポーザブル関数 ―――――――― 213
状態ホイスティング
―― 状態を上位のコンポーザブルに移動する ――― 214
再利用可能なコンポーザブル関数 ――――――――― 215
共通の親コンポーザブルに状態を定義 ―――――― 216

6.2 複雑な状態のカプセル化 ――――――――― 218
UIロジックのコンポーザブル外への分離 ――――― 219
remember関数の自作 ―――――――――――――― 221

6.3 Flowによるデータの受け渡し ―――――― 223
SharedFlow ―― 外部からemitできるFlow ―― 224
StateFlow ―― 常に値を持つFlow ―――――――― 226

6.4 画面の状態を定義するUiState ――――― 229
data classを使う書き方 ――――――――――――― 230
sealed interfaceを使う書き方 ―――――――――― 231

6.5 ViewModelによるUiStateの保持と更新 232
MVVMパターンの適用 ―――――――――――――― 233
Flowを使ってUiStateを更新する ――――――――― 236
コンポーザブル関数でUiStateを利用する ―――― 237

6.6 MVVMアーキテクチャのデータフロー ―― 238
suspend関数を利用したModelの定義 ――――――― 239
UiStateへの変換 ――――――――――――――――― 240
宣言的なデータフロー ――――――――――――――― 243
コラム Flowを公開するModelクラス ――――――― 240

6.7 データの更新処理の呼び出し ――――――― 244
イベントの伝達 ―――――――――――――――――― 245

xiv

CONTENTS

状態とロジックを定義する場所 —————————— 248

6.8 まとめ —————————————————————— 250

第**7**章

パフォーマンスの測定と改善

不要な再コンポーズを抑制して
スムーズな表示を実現しよう

251

7.1 パフォーマンスを追求する前に —————————— 252
パフォーマンス悪化の原因 —————————————— 252
最新バージョンのComposeの使用 ————————————— 252
Strong Skipping Modeの有効化 ————————————— 253
Releaseビルドで確認 ————————————————— 254
完璧を求めすぎない ———————————————— 255

7.2 パフォーマンスの測定 ————————————— 255
Layout Inspectorによる
再コンポーズの発生状況の確認 ——————————— 255
Profilerによるコンポーザブル関数のトレース ————— 257
コラム Perfettoのビューアーの利用 ——————————— 260

7.3 パフォーマンスの改善 ————————————— 260
処理を実行するフェーズの変更 ——————————— 261
derivedStateOfで状態を変換 ————————————— 265
アノテーションによる型の安定化 —————————— 268
keyの利用 ———————————————————— 274
Lazyコンポーザブルの利用 ————————————— 276
コラム Baseline Profile ——————————————— 278

7.4 まとめ —————————————————————— 279

xv

目次

第8章 Composeのテスト
UIコンポーネントのテストを書いて
信頼性の高いUIを構築しよう　　　281

8.1 テストの目的 282
　UIコンポーネントの動作を保証する 282
　さまざまな環境での表示を検証する 283

8.2 Composeのテストの構成 283

8.3 テスト対象のコンポーザブル 284

8.4 UIロジックの検証 286
　UIロジックのテストコード 287
　テストの実行 289
　JUnit4による単体テスト 290
　Truthによる可読性向上 291
　ロジック分離の恩恵 292

8.5 コンポーザブルの振る舞いの検証 293
　Robolectricの導入 293
　ComposeTestRuleの利用 294
　テストコードの大枠 295
　テストケースのコード 296

8.6 コンポーザブルの表示の検証 300
　状態ごとの表示結果をプレビューする 300
　状態ホイスティングの恩恵 301
　さまざまな環境でテストする 302
　スクリーンショットテストによる差分検出 304

8.7 まとめ 311

　おわりに 312
　索引 313
　著者プロフィール 319

xvi

第 1 部

Composeに親しむ

第 1 章

なぜ宣言的UIなのか

Composeを採用するメリットを
理解しよう

第1章 なぜ宣言的UIなのか

Composeを採用するメリットを理解しよう

第1部 Composeに親しむ

宣言的UI（Declarative User Interface）のフレームワークが、さまざまなプラットフォームで人気を博しています。Androidにおいても、本書の題材であるJetpack Composeという宣言的UIのフレームワークが2019年に発表され、2021年に正式リリースされました。発表されてから徐々に人気が高まり、AndroidのUI開発フレームワークのスタンダードになりつつあります[注1]。

本章では、宣言的UIが広く支持されている理由を解き明かし、Jetpack Composeをアプリ開発に採用するメリットを紹介します。

1.1節では、はじめて宣言的UIに触れる人のために、宣言的UIの簡単な例を紹介し、従来の命令的UIとの違いを説明します。ぜひ、Jetpack Composeのコードの読みやすさを体感してください。

1.2節では、Androidの命令的UIフレームワークであるViewが抱えていた課題を紹介し、宣言的UIのJetpack Composeが登場した背景を考察します。

1.3節から1.6節では、アプリ開発にJetpack Composeを採用するメリットを紹介します。

1.7節では、現在のJetpack Composeが抱えている課題について紹介します。

宣言的UIとJetpack Composeのメリットを把握し、現状の課題も理解した上で、プロダクト開発への採用を検討してください。

1.1 宣言的UIの世界へようこそ

宣言的UIは、実現したいUI構造をそのままコードとして記述できるUIプログラミング手法です。この特徴が、後ほど紹介するさまざまなメリットをもたらします。

Jetpack Composeは、Android向けの宣言的UIフレームワークです[注2]。Jetpack Composeを使って記述したUIのコードは可読性が高いので、はじめてJetpack Composeに触れる人も、コードを理解しやすいでしょう。

宣言的UIに対して、従来のUIプログラミング手法を**命令的UI**と呼びます。AndroidのViewは、命令的UIフレームワークです。

注1 2024年のGoogle I/Oでは、上位1000のアプリの40%がComposeを使用していると報告されています。https://android-developers.googleblog.com/2024/05/scaling-across-screens-with-compose-google-io-24.html

注2 UIフレームワークとは、UIを構築するためのツールやコンポーネントをひとまとめにしたものです。

1.1 宣言的UIの世界へようこそ

本節ではJetpack Composeの簡単なコードを紹介し、宣言的UIとはどういうものか、命令的UIと何が違うのかを説明します。従来の命令的UIに慣れている人は、ぜひ本節を読んで、宣言的UIの考え方に切り替えてください。

それでは、一緒に宣言的UIの世界に足を踏み入れましょう。

本書におけるComposeの呼称

以降、本書では、Androidの宣言的UIフレームワークという文脈において、Composeという呼称を用います。Jetpack Composeという呼称も広く用いられていますが、JetpackはAndroidのライブラリ群の名称で、その中の宣言的UIフレームワークの名称がComposeです。AndroidのUIの解説を前提としている本書では、Composeと呼びます。JetpackとComposeの関係については次章で詳しく解説します。

Composeのコードを見てみよう

さっそく、Composeのコードを見ていきましょう。以下に示すコードは、ボタンをタップすると文字列を表示するComposeのコードです。

```
var isVisible by remember { mutableStateOf(false) }
Column {
    Button(onClick = { isVisible = true }) {
        Text("Button")
    }
    if (isVisible) {
        Text("Hello")
    }
}
```

isVisibleは文字列を表示するかどうかの状態を表す変数です。by rememberやmutableStateOfといった見慣れない書き方で初期化されていますが、ここでは深く考えず、初期値がfalseであることだけ読み取ってください。

Columnは列を意味し、UI要素を縦に並べるためのコンポーネントです。最初にButtonを記述しているので、まずボタンが表示されます。次にifの中にTextを記述しているので、isVisibleがtrueの場合はボタンの下に文字列が表示されます。

ButtonのonClickはボタンをタップしたときに呼ばれるコールバックで、

第1章 なぜ宣言的UIなのか
Composeを採用するメリットを理解しよう

図1.1 Composeのコードの実行結果

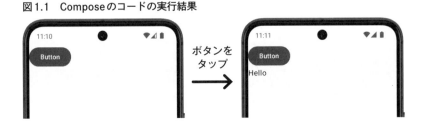

ここではisVisibleにtrueを代入し、文字列を表示しています。

Textは文字列を表示するためのコンポーネントです。ボタンの中には「Button」と表示され、ボタンの下には「Hello」と表示されます。

Composeのコードは、全てのUIコンポーネントが関数で表現されていることがポイントです。UIコンポーネントのオブジェクトは出てきません。これが命令的UIとは大きく異なる点の一つです。

このコードを実行した結果は、**図1.1**のようになります。コードで表現したとおり、ボタンをタップすると、ボタンの下に文字列が表示されることが確認できます。コードと実行結果を見比べて、コードの構造と実際に表示されるUIの構造が一致していることを確認してください。

Viewと比較してみよう

次は、ComposeとViewの比較のために、前項と同じUIをViewで記述してみましょう。

まずはレイアウトリソースファイルをXMLで定義します。

```xml
activity_main.xml
<LinearLayout （省略）>
    <Button
        android:id="@+id/button"
        android:layout_width="match_parent"
        android:layout_height="wrap_content"
        android:text="Button" />
    <TextView
        android:id="@+id/text_view"
        android:layout_width="match_parent"
        android:layout_height="wrap_content"
        android:text="Hello"
        android:visibility="invisible" />
</LinearLayout>
```

1.1 宣言的UIの世界へようこそ

図1.2　Viewのコードの実行結果

ButtonとTextViewをLinearLayoutで囲むことによって、前項のComposeの例と同じレイアウトを実現しています。TextViewにはvisibility="invisible"を指定しているので、初期状態では「Hello」の文字列は表示されません。

Kotlinのコードは下記のようになります。

```kotlin
// MainActivity.kt
setContentView(R.layout.activity_main)

val button = findViewById<Button>(R.id.button)
val textView = findViewById<TextView>(R.id.text_view)

button.setOnClickListener {
    textView.visibility = VISIBLE
}
```

はじめにXMLのリソースファイルをsetContentViewで表示します。次にButtonとTextViewのオブジェクトを取得します。最後にボタンをタップしたときの処理を記述します。

ボタンをタップしたときの処理を記述するために、buttonオブジェクトに対してsetOnClickListenerでコールバック関数を登録します。コールバック関数では、textViewオブジェクトのvisibilityプロパティの値をVISIBLEに変更して文字列を表示しています。

Composeのコードとは異なり、buttonやtextViewといったオブジェクトが登場します。そして、setOnClickListenerという関数やvisibilityというプロパティにアクセスしてオブジェクトの状態を外部から変更しています。

このように、ViewのプログラミングではUIオブジェクトに対して変更を直接加えることによって、UIの表示や振る舞いをカスタマイズします。

このコードを実行した結果は図1.2のようになります。前項のComposeのコードと概ね同じ結果になっていることが確認できます。

> **第1章** なぜ宣言的UIなのか
> Composeを採用するメリットを理解しよう

> **Note**
>
> ### 本書におけるViewの呼称
>
> Viewは、狭義にはUI要素の描画とイベントハンドリングを担うクラスの名称です。しかし本書では、Viewクラスやそれを継承したさまざまなクラスの組み合わせでUIを構成するフレームワーク全体を指して、Viewと呼ぶ場合があります。特に、Composeと対比する文脈でViewという言葉を使っている場合は、Compose登場以前の従来のAndroid UIフレームワークを意味していると考えてください。

宣言的UIと命令的UIの比較

改めてComposeとViewのコードを比較して、違いを確認しましょう。

⚪ 宣言的UIはwhatを記述

ここでは文字列を表示する部分に着目します。Composeのコードの❶の部分は、「isVisibleがtrueなら "Hello" という文字列を表示するUI」を表現しています。このように、**どんなUIを作るか(what)** に着目してUIを記述する手法を、**宣言的UI**と呼びます。

```
【 Composeのコード 】
var isVisible by remember { mutableStateOf(false) }
Column {
    Button(onClick = { isVisible = true }) {
        Text("Button")
    }
    if (isVisible) {
        Text("Hello")        ❶
    }
}
```

このコードを図示したものが**図1.3**です。どんな状態のときにどんな表示をするか、実現したいUIの構造や振る舞いをそのままコードに記述します。UI表示の条件と結果の組み合わせは、最初にUIが描画された時点で確定していて、ボタンタップの前後で変化しません。プログラムからは、状態であるisVisibleを変更するだけで、UIの構造を直接変更することはありません。

図1.3 宣言的UIは実現したいUIをコードで表現する

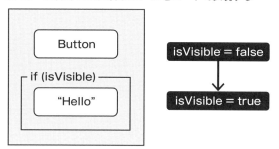

○ **命令的UIはhowを記述**

次に、Viewで文字列を表示する処理を確認します。Viewのコードの❷の部分は、「TextViewを見えるようにする」という表示の変更方法を表現しています。このように、**どのようにUIを作るか**（how）に着目してUIを記述する手法を、**命令的UI**と呼びます。

```
Viewのコード
val button = findViewById<Button>(R.id.button)
val textView = findViewById<TextView>(R.id.text_view)

button.setOnClickListener {
    textView.visibility = VISIBLE ―❷
}
```

このコードを図示したものが**図1.4**です。プログラムから変更しているのは、textViewというUIオブジェクトが持つvisibilityプロパティです。Composeと異なり、プログラムからUIそのものを操作して、見え方を変更しています。

読者のみなさんは、宣言的UIと命令的UIのどちらの考え方が分かりやす

図1.4 命令的UIは表示の変更をコードで表現する

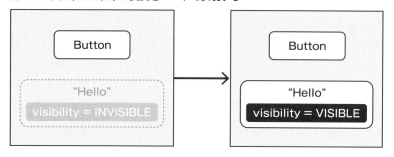

いと感じるでしょうか。Viewのプログラミングに慣れ親しんでいたら、UIの変更方法をコードで表現する命令的UIの方が分かりやすいと感じるかもしれません。しかし、実現したいUIをそのままコードで表現する宣言的UIには、さまざまなメリットがあります。本章の残りの部分では、そのメリットを紹介していきます。

1.2 命令的UIから宣言的UIへ

AndroidのUIは、10年以上にわたって命令的UIフレームワークのViewで構築されてきました。そして最近になって宣言的UIフレームワークのComposeが登場しました。しかし実際にはViewの時代から、一部で宣言的な考え方が導入されていました。本節では、Viewの宣言的な側面を紹介します。そしてViewが抱える課題を説明し、新たな宣言的UIフレームワークとしてComposeが登場した背景を考察します。

命令的UIと宣言的UIの両面を持つView

Viewは、XMLのレイアウトリソースファイルと、Kotlin(またはJava)のコードを組み合わせて記述します。前節では主にKotlinのコードを解説し、Viewは命令的UIであると説明しました。しかし、XMLのリソースファイルは、宣言的な書き方になっています。

○ XMLによる宣言的なレイアウト定義

宣言的UIの特徴の一つは、実現したいUIの構造とコードの構造が一致していることです。この特徴は、XMLのレイアウトリソースファイルにそのまま当てはまります。XMLは元々、データの構造を表現するための言語なので、UIの構造をそのまま表現できます。

次のコードは前節のサンプルのリソースファイルの再掲です(一部省略しています)。

```
<LinearLayout （省略） >
    <Button
        android:id="@+id/button"
```

```
            android:text="Button" />
    <TextView
        android:id="@+id/text_view"
        android:text="Hello"
        android:visibility="invisible" />
</LinearLayout>
```

LinearLayoutでButtonとTextViewを囲むことによって、ボタンと文字列を縦に並べる構造を表現しています。コードの構造がUIの構造を表現していることが分かります。

ただ、ViewにおいてXMLでレイアウトを記述する意味合いとしては、宣言的にUIを記述することよりも、レイアウトエディタでUIを作成できることの方が大きいです。レイアウトエディタは、Android Studioに標準で組み込まれているレイアウト作成ツールです（図1.5）。レイアウトエディタを使うと、UIコンポーネントを一覧から選んでドラッグ＆ドロップでレイアウトを組み立てることができます。このとき、組み立てたレイアウトに対応するXMLが自動的に生成されます。

レイアウトエディタには以下の利点があります。

・ビルドしなくても、意図どおりのレイアウトを記述できているかどうか視覚的に確認できる
・一覧からパーツを選んでドラッグ＆ドロップでUIを作成できるので、プログラミング初心者が入門しやすい

図1.5　レイアウトエディタ

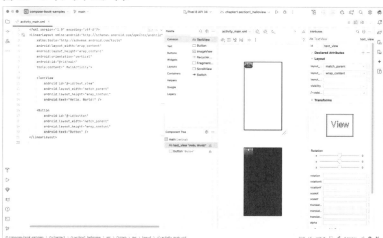

第1章 なぜ宣言的UIなのか
Composeを採用するメリットを理解しよう

これらは、ComposeにはないViewの長所といえます[注3]。

○ DataBindingによる宣言的な状態の記述

レイアウトリソースファイルでは、XMLの属性を使ってViewのプロパティを設定できます。サンプルではTextViewのvisibilityなどを指定しています。しかし、XML自体は静的なデータを定義するものなので、プロパティの初期値しか設定できないという問題があります。これを解決するためにDataBindingという仕組みが導入され、広く使われてきました。

DataBindingは、XMLレイアウトリソースファイルから、Kotlinのコードに定義されているデータを参照したり関数を呼び出したりする仕組みです（**図1.6**）。簡単に説明するので、イメージだけ理解してください。

ここでは、UIで使うデータを定義したUiModelクラスに、textVisibilityというプロパティがある場合を考えます。初期値は非表示状態を表すINVISIBLEで、showTextが呼ばれるとVISIBLEに変化します。

```
class UiModel {
    private var _textVisibility = MutableLiveData(INVISIBLE)
    val textVisibility: LiveData<Int> = _textVisibility

    fun showText() {
        _textVisibility.value = VISIBLE
    }
}
```

DataBindingを使うと、レイアウトリソースファイルで下記のようにUiModelクラスのtextVisibilityプロパティを参照できます。また、ボタンをクリッ

図1.6 DataBinding

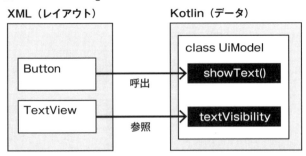

注3 第2章で解説するプレビュー機能によりComposeもレイアウトを視覚的に確認できますが、こちらはビルドが必要です。

クすると UiModel の showText が呼び出され、textVisibility の値が VISIBLE になったら自動的[注4]に "Hello" という文字列が表示されるようになります。ポイントは、TextView のプロパティを変更するのではなく、UiModel オブジェクトを変更していることです。

```
<Button（省略）
    android:onClick="@{() -> uiModel.showText()}" />

<TextView（省略）
    android:text="Hello"
    android:visibility="@{uiModel.textVisibility}" />
```

このように、DataBinding を使うと「textVisibility が VISIBLE なら "Hello" という文字列を表示する UI コンポーネント」を定義できました。これは「どんな UI を作るか（what）」に着目して UI を記述しており、前節で紹介した宣言的 UI の特徴に合致しています。また、UI オブジェクトをコードから直接操作せず、状態を表す変数を変更している点も Compose の例と同じです。

では、View は宣言的 UI と呼べるのでしょうか。

● Viewの本質は命令的

View の本質は命令的 UI です。確かにレイアウトリソースファイルや DataBinding を使うと、View を宣言的に記述することができました。しかしこれらは、View を宣言的にも記述できるように後付けされた仕組みにすぎません。

現在の View の状況は、命令的 UI フレームワークに、宣言的 UI の作法を一部取り入れている状態です。View の元々の書き方は、UI オブジェクトを作成し、それに変更を加えて所望の状態を作るという前節で説明した命令的な書き方です。レイアウトリソースファイルを使わずに View のインスタンスを作成することもできます。DataBinding を導入しても、View のプロパティや関数をコードから直接操作することもできます。後付けされた宣言的な記述方法は、これらの命令的な書き方を禁止するものではないのです。

Viewの課題

View は、命令的な記述と宣言的な記述の両方を使えることが分かりました。

注4 　textVisibility の定義に利用している LiveData は値の変更の監視が可能で、値が変わると View が自動的に再描画されます。

第1章 なぜ宣言的UIなのか
Composeを採用するメリットを理解しよう

両者のいいとこ取りをしているようにも思えますが、それではなぜ、長年使われてきたViewに代わる新たな宣言的UIフレームワークとしてComposeが登場したのでしょうか。ここでは現在のViewが抱える課題を紹介します。

○ 分散するコード

レイアウトエディタがUIの開発に便利な一方で、XMLでレイアウトを定義することは、XMLとKotlinにコードが分散するという根本的な問題を抱えます。そして、さまざまな記述方法が存在するということは、他人が書いたコードを読むときに、さまざまな可能性を考慮して読まなければならないということです（**図1.7**）。

あるUI要素の表示内容がどこで設定されているのかを調べたいとき、XMLとKotlinの両方を調べる必要があります。よく設計されているコードであれば、何かしらのルールを定めて可読性を確保する努力がされているかもしれません。しかし、そうでない書き方もできてしまうのがViewのプログラミングの難しさです。読みやすいコードを維持するためにプログラマがかけなければならない労力が大きいと言えます。

またこの10年の間に、XMLとKotlinのコードを結びつけるためのいろいろな手法が取り入れられました。初期の頃から使われているのは、`findViewById`を使う方法です。一方、DataBindingではバインディングオブジェクトを作ってXMLとKotlinを結びつけます。その他にも、本書では紹介しませんでしたが、ViewBindingという別の方法や、Kotlin Android Extensionsという既に廃止された方法もあります。

いろいろな手法が乱立した結果、コードを読むために必要な知識が増えてしまいました。XMLとKotlinのコードを結びつける方法を知らないとコードを読むことができませんが、その方法が何種類もあるので、初心者がAndroidの開発に入門する際の障壁になってしまっています。

図1.7　XMLとKotlinに分散するコード

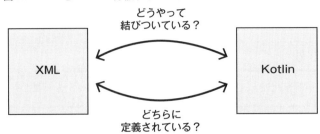

コンポーネント化にかかる手間

Viewの仕組みで独自のUIコンポーネントを作るには、Viewクラスを継承したサブクラスを作成します。同時にXMLレイアウトリソースも作成し、クラスの実装に関連付けます。1つのUIコンポーネントを定義するために2つのファイルを作成する必要があり、手間がかかります。

さらに場合によっては、追加のXMLファイルが必要だったり、継承したクラスに独自のsetterやgetterが必要だったり、メソッドのオーバーライドが必要だったり、データを保持するための仕組みの実装が必要だったりと、UIコンポーネントを作るための作業は多岐にわたります。

このように独自のUIコンポーネントを作るのに手間がかかると、コンポーネント化をあきらめてしまいがちです。その結果、ActivityやFragmentのレイアウトは肥大化し、あちこちのレイアウトリソースファイルに同じようなコードを繰り返し書くことになります。

純粋な宣言的UIのCompose

Viewが宣言的UIの仕組みを取り入れているにもかかわらず、前項のような課題を抱えているのは、Viewが本来は命令的UIフレームワークであり、それを拡張して宣言的UIの特徴を持たせたことが原因です。

一方のComposeは、純粋な宣言的UIフレームワークです。したがって、Viewのように命令的UIの書き方と宣言的UIの書き方が混ざることはありません。

全く新しい宣言的UIフレームワーク

Composeは、Viewの拡張や、Viewのラッパーではありません。完全に別のフレームワークとして作られています。Viewクラスやそのサブクラスは出てきません。煩わしい継承やメソッドのオーバーライドとも無縁です。XMLリソースファイルからも解放されます。

Composeは、Kotlinの使用を前提に開発されています。Javaとの互換性をあきらめたことによって、Kotlinの柔軟な言語機能を十分に活かすことが可能になりました。そのおかげで、短くて読みやすいコードでUIを記述できるようになっています。

Composeのメリット

2019年のAndroid Dev Summitでは、とにかくシンプルにUIを開発できる

第1章 なぜ宣言的UIなのか
Composeを採用するメリットを理解しよう

ようにComposeのフレームワークを設計したと語られています（詳しくは「What's new in Jetpack Compose (Android Dev Summit '19) - YouTube」[注5]をご覧ください）。

実際、Composeを使うと少ないコードで素早くUIを作成することが可能になります。モバイルアプリのUIは年々高度に進化していますが、コードが少なくなることによって、可読性が改善し、UIのバグが減ることも期待できます。素早くUIを作れるので、ユーザーからフィードバックをもらって改善するサイクルを早く回すことも可能になるでしょう。

そして、AndroidだけでなくReact、Flutter、SwiftUIなどさまざまなプラットフォームで宣言的UIの人気が高まっていることを考えると、この先しばらくは宣言的UIがUI開発の主流になると予想されます。Composeで身につけた宣言的UIの考え方は、アプリケーションエンジニアとしての大きな財産になるでしょう。

それでは次節からは、具体的にComposeのメリットを紹介していきます。

1.3 少ないコードでUIを記述できる

Composeの一番のメリットは、何と言っても少ないコードでシンプルにUIを記述できることです。「Mercari reduces 355K lines of code, a 69% difference, by rebuilding with Jetpack Compose - Android Developers Blog」[注6]では、アプリのコードをViewからComposeに置き換えたことにより、コードが35万行、割合にして69%減少したと報告されています。

なぜComposeでは、これほどまでにコードを削減できるのでしょうか。

XMLリソースファイルが不要になる

ComposeはコードがKotlinで完結するため、XMLリソースファイルが不要になります。レイアウトはもちろん、アニメーションやメニューアイテムの定義などもKotlinで書きます。

注5　https://www.youtube.com/watch?v=dtm2h-_sNDQ
注6　https://android-developers.googleblog.com/2023/03/mercari-reduces-lines-of-code-by-rebuilding-with-jetpack-compose.html

XMLリソースファイルが不要になると、XMLとKotlinのコードを結びつけるためのコードも不要になります。Activityでレイアウトリソースファイルを読み込んだり、findViewByIdでViewオブジェクトを取得したり、DataBindingのためのバインディングオブジェクトを作ったりする必要がなくなり、これらもボイラープレートコードの削減につながります。

ViewやFragmentの継承が不要になる

Composeは関数ベースでUIを記述します。そのため、ライブラリが提供するUIコンポーネントをカスタマイズしたい場合は、ライブラリが提供する関数をラップするだけで済みます。

Viewの場合は、クラスベースの実装だったので、標準UIコンポーネントをカスタマイズするには、ViewやFragmentを継承した子クラスを実装する必要がありました。親クラスのメソッドをオーバーライドして、ライフサイクルを意識した実装が必要になる場合もあり、手間がかかっていました。このような子クラスの実装は、もとのクラスの動作を少しだけ変更したいといった場合でも、多くのコードを書く必要がありました。

Composeは少ないコードで標準UIコンポーネントをカスタマイズできるので、コードの再利用も促進され、これがますますコードの量を減らすことにつながります。

コードの比較

実際にViewとComposeのコードを比較して、Composeがいかに少ないコードでシンプルに記述できるかを確認しましょう。ここでは、Composeに移行することによって最も顕著にコード量が減る例として、リストの実装を紹介します。**図1.8**のように国の名前を表示する簡単なリストを作成してみます。

表示するデータは、次のようにListで定義されているものとします。

図1.8　簡単なリスト

```
val countriesList = listOf("Japan", "USA", "China", （省略）)
```

Viewのリスト表示は、RecyclerViewを使用します。まず、Activityのレイ
アウトと、リストのアイテムのレイアウトをそれぞれXMLで定義します。

Activityのレイアウト
```xml
<?xml version="1.0" encoding="utf-8"?>
<androidx.recyclerview.widget.RecyclerView
    xmlns:android="http://schemas.android.com/apk/res/android"
    xmlns:tools="http://schemas.android.com/tools"
    android:id="@+id/recyclerView"
    android:layout_width="match_parent"
    android:layout_height="match_parent"
    tools:context=".MainActivity" />
```

リストのアイテムのレイアウト
```xml
<?xml version="1.0" encoding="utf-8"?>
<TextView xmlns:android="http://schemas.android.com/apk/res/android"
    android:id="@+id/textView"
    android:layout_width="match_parent"
    android:layout_height="wrap_content"
    android:gravity="center_horizontal"
    android:textSize="28sp" />
```

次に、RecyclerViewの各アイテムにデータを設定するためにAdapterと
ViewHolderを実装します。

```kotlin
class CountriesAdapter: RecyclerView.Adapter<CountriesAdapter.ViewHolder>() {
    class ViewHolder(view: View): RecyclerView.ViewHolder(view) {
        val textView: TextView = view.findViewById(R.id.textView)
    }

    override fun onCreateViewHolder(
        parent: ViewGroup,
        viewType: Int
    ): ViewHolder {
        val view = LayoutInflater.from(parent.context)
            .inflate(R.layout.list_item, parent, false)
        return ViewHolder(view)
    }

    override fun onBindViewHolder(holder: ViewHolder, position: Int) {
        holder.textView.text = countriesList[position]
    }

    override fun getItemCount() = countriesList.size
}
```

最後に、RecyclerViewにAdapterを設定して、ようやくリストを表示できます。

```
recyclerView = findViewById(R.id.recyclerView)
recyclerView.layoutManager = LinearLayoutManager(this)
recyclerView.adapter = CountriesAdapter()
```

同じリストをComposeで実装しましょう。Composeのコードは下記のようになります。

```
LazyColumn {
    items(countriesList) { country ->
        Text(
            text = country,
            textAlign = TextAlign.Center,
            fontSize = 28.sp,
            modifier = Modifier.fillMaxSize()
        )
    }
}
```

これだけでリストを実現できます。Viewと比較すると、感動的なまでに簡単に実装できます。ViewではXMLのレイアウトリソースファイルが2個必要でしたが、Composeでは不要になり、コードの行数が少なくなりました。面倒なAdapterやViewHolderの実装も不要です。

リストはモバイルアプリのUIの中でもかなり使用頻度が高いUIです。そのリストがこのように簡単に実装できるというだけで、Composeを導入する価値があると言っても過言ではありません。

1.4 UIの状態管理が容易になる

UIが複雑になるほど、管理が必要な状態も増えます。テキストやボタンの色、ボタンの押下状態、スイッチの選択状態、テキストの入力状態、スライダーの位置など、一つ一つのUIコンポーネントに状態が存在します。場合によっては、テキストを入力するとボタンの色が変わるなど、コンポーネントの状態が連動する場合もあります。Composeでは、このようなUIの状態の管理が容易になります。

本節で紹介する状態管理については第5章、第6章で詳しく扱います。

第1章 なぜ宣言的UIなのか
Composeを採用するメリットを理解しよう

引数が決まれば表示が決まる

以下のように、引数で受け取った文字列を表示する関数を考えます。

```
@Composable
fun Message(message: String) {
    Text(message)
}
```

この関数は、message引数の値が同じなら、常に同じ文字列を表示します。messageに"Hello"を渡しているのに、"Good-bye"と表示されることはありません。一見、これは当たり前のように思えますが、ここで言いたいのは、Textに表示する文字列をMessageの引数以外から変更することはできない、ということです。

```
Message(message = "Hello") // 必ずHelloと表示される
```

この特徴を理解するために、同じように引数で受け取った文字列を表示するUIをTextViewで考えてみます。

```
fun showMessage(message: String) {
    val textView = findViewById<TextView>(R.id.text_view)
    textView.text = message
}
```

Viewの場合、この関数を見ただけでは、TextViewがmessage引数の値を常に表示しているかどうか判断できません。なぜならTextViewの初期値はXMLリソースファイルに書かれているかもしれませんし、同じTextViewを別の関数で変更しているかもしれないからです。

この違いは、Composeの関数がUIそのものを宣言しているのに対し、ViewはUIを変更する命令を定義しているということに起因します。Composeでは引数の値を確認すればUIの状態が分かるので、コードの影響範囲が限定されます。その結果、コードの可読性やメンテナンス性が良くなります。

状態を1か所で管理できる

状態を表示する機能と状態を変更する機能を併せ持つUIコンポーネントの場合、状態管理は複雑になりがちです。例えば、On/Off状態を表すスライドスイッチは、スイッチ自体がOn/Offの状態を表しており、またクリックするこ

1.4 UIの状態管理が容易になる

とでOn/Offを切り替えることもできます(図1.9)。

Composeでスライドスイッチは以下のように実装します。

```
@Composable
fun SwitchSample() {
    var checked by remember { mutableStateOf(false) }
    Switch(checked = checked, onCheckedChange = { checked = !checked })
}
```

ここで重要なのは、スイッチを表示するSwitch関数自体は状態を持たず、On/Offの表示はchecked引数に渡す値によってのみ決まるということです。スイッチが操作されるとonCheckedChangeコールバックが呼ばれるので、状態を変更する場合はここでcheckedの値を変更します。このように実装することによって、スイッチの状態がchecked変数のただ1か所で管理できます(図1.10)。

Viewの場合はSwitchオブジェクトのisCheckedプロパティで状態の変更が可能です(XMLの属性はchecked)。Composeと違うのは、Switchオブジェクト自体が状態を持っていることです。画面上でスイッチが操作されるとSwitchオブジェクトの状態が変化します。

```
<Switch android:checked="false" />
```

ActivityやViewModelなどにロジックを実装し、Switchに表示すべき状態を管理している場合、Switch内部の状態と合わせて2か所に状態が存在するこ

図1.9 スイッチは状態を表示する機能と変更する機能を兼ねている

図1.10 Composeでは状態を1か所で管理できる

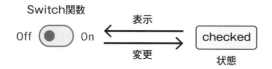

図1.11 Viewでは状態が2か所に存在する

とになります（**図1.11**）。Switch内部の状態はユーザーの操作により任意のタイミングで変更されるため、ロジック側から見ると、コントロールが効かない部分で勝手に状態が変わることになります。しかもSwitch内部の状態とロジックの状態は常に同期させておく必要があります。同期が壊れた場合はロジックと表示が一致しないバグになるからです。状態が2か所に保持されることにより、管理が煩雑になるのです。

Composeの場合は、Switchが状態を持たないため、ロジックの知らないところで勝手に状態が変化するということは起こりません。このため、状態管理が容易になるのです。

KotlinのFlowとの相性が良い

Kotlin CoroutinesのFlowは、値を非同期に出力するデータストリームの一種です（詳しくは第6章で説明します）。Flowを使うと、APIでサーバーから取得したデータや、ストレージから読み出したデータ、ユーザー操作による状態の変化など、時間の経過とともに変化していく情報をうまく表現することができます。

Composeは、Flowが出力する値をUIの状態に変換する仕組みを持っています。また、Composeは、画面全体から末端の小さなUI部品まで、関数呼び出しを通じて状態を伝達することができます。そのため、Flowが出力するUIに表示したい情報を、画面の隅々まで伝える仕組みが簡単に構築できるのです。

図1.12のように、1つの画面を表すScreenがComponentA、ComponentB、ComponentCで構成されているとします。この画面を表示するために必要な情報がFlowから出力される場合、**図1.13**のように、Composeに渡すときにStateに変換し、そこから各Componentに必要な情報を伝えていきます。

FlowとComposeを組み合わせると、データの情報源から末端のUIまでが

図1.12 画面構成の例

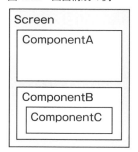

図1.13 Flowから受け取った情報が各Componentに伝わる

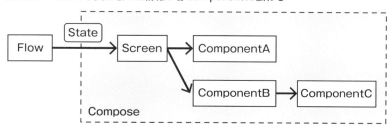

スムーズにつながり、一貫性をもったUI構築が可能になります。

1.5 従来のViewから段階的に移行できる

　Composeは開発効率の良いフレームワークですが、それでも、多くの画面をViewで構築してきた既存アプリを、いきなり全てComposeに置き換えるのは大変です。しかし、Composeには、Viewで構築されたアプリを徐々にComposeに移行できる方法が用意されています。移行完了までビルドが通らないなどということはないので、アプリやチームの状況に応じて段階的に移行できます。

　また、最終的に全てをComposeに置き換えることは必須ではありません。それぞれのアプリに最適なバランスでComposeとViewを共存させることができます。

小さく始められる

　既存の仕組みを全く別の仕組みに置き換えようとするとき、成功の秘訣は、小さく早く始めることです。まずは影響の小さい部分でトライしてみて、成功体験を獲得することが大切です。それから徐々に範囲を広げていくことで、移行がスムーズに進む可能性が高まります。

　Composeは、Viewで構築された既存のアプリに対して、一部分だけに導入することが可能です。既存アプリをComposeに置き換えるには、まずは影響の小さい1つのUIコンポーネントや1つの画面からComposeに置き換えます。小さな置き換えがうまくいって、Composeの良さを実感できたら、徐々にComposeの範囲を広げていきます。

　Composeに置き換える最小単位は、1つのUIコンポーネントです。Viewのレイアウトの中の一部分を、Composeで記述することができます。1つの画

図1.14　画面の一部にComposeを導入する

図1.15　画面全体をComposeで作って組み込む

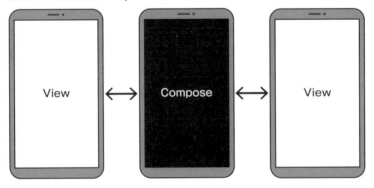

面の中で、ViewとComposeを両立させることが可能です（図1.14）。

新しい画面を開発するのであれば、その画面全体をComposeで構築することがおすすめです。Viewで構築した画面とComposeで構築した画面を相互に画面遷移できます（図1.15）。画面全体をComposeで構築することによって、コードの削減や状態の一元管理などのComposeのメリットを享受しやすくなります。

Viewの資産を活用できる

Viewで構築した大きな資産が既存アプリにある場合、それをComposeに置き換えることが、必ずしも望ましくないかもしれません。アプリの開発状況やチームのリソース状況によって、Viewの資産を今後も活用したい場合もあると思います。そのような場合でも、アプリにComposeを導入することをあきらめる必要はありません。

幸い、アプリ全体をComposeに移行しつつ、一部の画面や一部のコンポーネントにViewを使い続けることができます（図1.16）。既存コードや開発チームの状況に応じて、最終的にどこまでComposeに移行して、どこはViewのまま残すのか、柔軟に決定できます。

また、WebViewなど一部のViewコンポーネントは、現状ではComposeに置き換えが進んでいません。そのようなViewコンポーネントをComposeアプリ内で使いたい場合も、同じ仕組みを使うことになります。あるいは、既存のアプリで利用しているライブラリがViewで構築されていて、Composeに移行する見込みがない場合もあるかもしれません。そのような場合でも、一

図1.16　画面の一部にViewを残す

1.6 今後の発展が期待できる

部にViewを残したままアプリ全体としてはComposeに移行していくことができます。

Composeは2021年にバージョン1.0がリリースされ、その後も継続的にバージョンアップが提供されています（**表1.1**）。バージョン1.0リリース当初は機能的に不足している部分も目立ちましたが、活発な開発が続けられ、機能的にも性能的にも進化してきました。そして今後もますます充実したUIフレームワークに発展していくと期待されています。

進化が速く後方互換性も確保される

Composeはライブラリとして提供されています。ライブラリとして提供するメリットは、Android OSのバージョンアップから独立してスピーディーにバージョンアップできることです。Android OSのバージョンアップは基本的に1年に1回ですが、Composeは1年に2〜3回のペースでバージョンアップが継続されています。バージョンアップのたびに、新たな機能が追加されたり、パフォーマンスが改善されたりしています。

ライブラリとして提供するもう一つのメリットは、過去のOSに対する後方互換性が確保されることです。ComposeはAPI Level 21（Android 5.0/Lollipop）以降をサポートしています。Android 5.0といえば2016年リリースのOSなの

表1.1　Composeのバージョン履歴

バージョン	リリース年月	主な更新内容
1.0.0	2021年7月	最初の安定版リリース
1.1.0	2022年2月	Touch target sizing
1.2.0	2022年7月	LazyGrid、LazyLayout (experimental)、Window insets
1.3.0	2022年10月	Bill of Materials (BOMs)、Modifier.Node (experimental)
1.4.0	2023年3月	Pager、Flow layout
1.5.0	2023年8月	パフォーマンス改善
1.6.0	2024年1月	さらなるパフォーマンス改善、ウィンドウ間のドラッグ＆ドロップ
1.7.0	2024年9月	Shared Element Transition、新しいBasicTextField

> 1.6 今後の発展が期待できる

| コラム | **Composeのロードマップ** |

　Googleが現在開発している、または今後開発を検討しているComposeの機能は、「Composeのロードマップ - developer.android.com」[注a] として公開されています。

　ロードマップを見れば、自分が必要としている機能が今後追加される可能性があるかどうかが分かります。「In Focus」に書かれている場合は、まもなくライブラリに追加される可能性が高いので、リリースを待つのが得策でしょう。例えばMaterial 3のSwipe to Refresh（画面を引き下げて表示を更新する仕組み）は、本書執筆時点ではIn Focusです。「Backlog」に書かれている場合は、検討されていますが優先度は低いので、今すぐその機能が必要なら、自分で開発するかサードパーティのライブラリを探すことも検討した方が良いかもしれません。例えばスクロールバーは本書執筆時点ではBacklogに置かれています。

　ただし、このロードマップは全ての機能を網羅しているわけではないので、あくまで参考として利用するようにしてください。

....

注a　https://developer.android.com/jetpack/androidx/compose-roadmap

---

で、ライブラリとしては十分な後方互換性を持っていると言えるでしょう。次々に追加される新機能が、古いOSでも同じように使えるというのは、開発者にとってはありがたいポイントです。

マルチプラットフォーム対応が進められている

　Composeは、モバイルデバイス（スマートフォン、タブレット）以外のAndroidデバイスへの対応も進められています。スマートウォッチやTVなど多様なデバイスで、Composeで作成したUIが動作するようになりつつあります。

　さらにComposeは、Android以外のプラットフォームへの対応も進められています。iOS、Windows、macOS、Webなど幅広いプラットフォームでComposeを利用してUIを構築できるようになりつつあります。

　いまComposeの使い方を覚えておけば、将来的にはさまざまなプラットフォームのUIを作れるようになるかもしれません。

○ モバイルデバイス以外のAndroidプラットフォーム

　表1.2に、ComposeがサポートするAndroidプラットフォームの一覧を示し

第1章 なぜ宣言的UIなのか
Composeを採用するメリットを理解しよう

表1.2 ComposeがサポートするAndroidプラットフォーム

プラットフォーム	デバイス	Composeライブラリ
Android	モバイル（スマートフォン、タブレット）	Compose
Wear OS	スマートウォッチ	Compose for Wear OS
Android TV	テレビ	Compose for TV
Android Automotive OS	車載デバイス	Compose

ます。

　Wear OS by GoogleはAndroidベースのスマートウォッチ用OSです。Wear OSのUIは、Compose for Wear OSという、Wear OS用のComposeライブラリを使って開発することが推奨されています。Compose for Wear OSは既に安定版がリリースされており、本書執筆時点ではバージョン1.4.0が最新です。

　Compose for Wear OSでは、スマートウォッチの小さいディスプレイに最適化したUIコンポーネントが提供されています。例えばリストは、スクロールすると画面の端のアイテムが少し小さく、薄く表示されます（図1.17）。

　このようなWear OS向けのカスタマイズはライブラリ階層の上位レイヤーで適用されています。一方で、ベーシックなUIを実現する下位レイヤー部分は、モバイルのComposeと共通になっています[注7]。そのため、モバイルのComposeで身につけた知識の多くは、そのまま利用できます。

　Android TVも同様にCompose for TVというライブラリが用意されています。こちらも2024年8月に安定版（バージョン1.0.0）がリリースされました。Compose for TVも、上位レイヤーでTV向けに最適化したUIコンポーネントを提供し、下位レイヤーはモバイルのComposeと共通になっています。

　自動車内で利用するAndroidアプリのUIも、Composeで記述できます。車

図1.17　Compose for Wear OSのリスト

注7　Composeのライブラリのレイヤーは2.1節で説明します。

載デバイス用のAndroid OSは、Android Automotive OS（AAOS）といいます。AAOS向けのアプリは、自動車が止まっているときにユーザーが利用するUIを提供できます。このUIは基本的にはモバイルと共通で、Composeのライブラリもモバイルと同じものを使えます。

Android以外のプラットフォーム

Compose Multiplatformは、Android、iOS、Windows、macOS、Linux、WebのUIをComposeで構築できるフレームワークです。Jetpack ComposeはGoogleが開発しているのに対して、Compose MultiplatformはKotlin開発元のJetBrainsが開発しています。開発の主体は別ですがAPIは共通なので、AndroidのComposeの知識を活用してiOSなどのUIを作成できます。

Compose Multiplatformは、Kotlin Multiplatform（KMP）[注8]を構成する技術の一つという位置付けです。KMPは前述したさまざまなプラットフォームのアプリをKotlinで記述できる技術です。Compose Multiplatformを含めたKMPを利用することで、ロジックからUIまでKotlinだけで書けるようになります。

各プラットフォームの中で特に期待されているのは、iOSへの対応です。KMPと組み合わせて、UIからロジックまでのアプリの大部分を、AndroidとiOSで共通のコードで開発できます。本書執筆時点では、Compose MultiplatformのiOS版はまだbetaリリースですが、JetBrainsは各プラットフォーム向けのComposeの開発に精力的に取り組んでいます。近い将来、ComposeがマルチプラットフォームアプリのUI構築の有力な選択肢となることを期待しています。

1.7 Composeの課題

ここまでComposeのメリットを紹介してきました。しかし、Composeにももちろん課題はあります。本節では、執筆時点でのComposeが抱えている課題を紹介します。メリットと比較して、Composeを採用するかどうかの判断材料としてください。

注8　https://www.jetbrains.com/ja-jp/kotlin-multiplatform/

なぜ宣言的UIなのか
Composeを採用するメリットを理解しよう

プログラミング初心者にとってのハードル

XMLによるレイアウト作成はコードが分散するなどのデメリットが大きかったですが、レイアウトエディタが使えることは大きなメリットでした。特にプログラミング初心者にとって、レイアウトの完成形を目で見ながら、UIコンポーネントをドラッグ＆ドロップしてレイアウトを作成できることは、UI作成に対するハードルを大幅に下げます。

しかしComposeには今のところ、そのようなレイアウトエディタはありません。ドラッグ＆ドロップでUIを作成したいプログラミング初心者にとっては、ややハードルが高いと言えます。Android Studio上でComposeのUIを視覚的に確認する方法としては、プレビューという機能があります（プレビューは第2章で解説します）が、プレビューはコードの実行結果を素早く確認するためのもので、コードを生成することはできません。

別の取り組みとして、Relayというツールが開発されています。Relayは、Figmaというデザインツールで作成したデザインをComposeのコードに変換するプラグインです。詳しくは「Relay for Figma」[注9]の提供サイトをご覧ください。デザイナーが使い慣れたツールでUIのコードを作成できるという点は画期的です。ただ、AndroidのUIへの最適化では、Android Studioに組み込まれているViewのレイアウトエディタに及ばないので、今後の発展に期待です。

パフォーマンスの改善

「Comparison with the View system - developer.android.com」[注10]によると、Composeは画面の表示内容を更新するときに変更のある部分だけを検出して更新するので、パフォーマンスに優れているとされています。

しかし、Composeならではの「落とし穴」もあります。コードの書き方によっては画面更新の負荷が上がり、画面スクロールがカクカクするなどの問題が起こり得ます。Google I/Oなどのカンファレンスでは、Composeのパフォーマンスを改善する方法が多く紹介されていますが、これは多くの開発者がパフォーマンスに悩まされていることの裏返しと言えるでしょう。本書では

注9　https://www.figma.com/community/plugin/1041056822461507786
注10　https://developer.android.com/jetpack/compose/migrate/compare-metrics#comparison-with-view

第7章でパフォーマンスについて詳しく説明します。

なおGoogleは、Compose 1.4の頃から、パフォーマンスの改善に注力しています。Compose 1.5では、パフォーマンスが80%改善したと報告されています（詳しくは「What's new in the Jetpack Compose August '23 release - Android Developers Blog」[注11]をご覧ください）。フレームワークに起因するパフォーマンスの問題は、今後少しずつ改善していくでしょう。

API変更の可能性

Composeは発展途上のフレームワークです。継続的に新しい機能が追加され、使い勝手やパフォーマンスが改善されています。

発展途上のフレームワークを使うことの懸念点の一つは、APIが変更される場合があることです。広く利用されているAPIの仕様が変わることは、Composeでは珍しいことではありません。また、Experimentalとマークされた APIも多く存在します。Experimental APIは、開発が進む間に仕様が変更になったり、廃止されたりする可能性があります。

プロダクト開発においては、なるべく安定したライブラリを利用したいと考えるのが一般的です。ただ、Composeの場合は、開発中のalphaバージョンやbetaバージョンをプロダクト開発に利用している事例を、比較的多く見聞きします。開発中の新しいバージョンで追加されているUIコンポーネントや機能をいち早くプロダクトに導入するためです。

Experimental APIや開発中のバージョンを利用する場合は、APIが変更されるリスクを受け入れることになります。変更に継続的に対応するための手段の一つとして、Composeのテストを書いておくことは有効です。テストについては第8章で解説します。

1.8 まとめ

本章では、Androidの宣言的UIフレームワークのComposeと、命令的UIフレームワークのViewを比較しながら、Composeのメリットと課題について解

注11 https://android-developers.googleblog.com/2023/08/whats-new-in-jetpack-compose-august-23-release.html

なぜ宣言的UIなのか
Composeを採用するメリットを理解しよう

説しました。

- 宣言的UIは、どんなUIを作るか（what）に着目してコードを記述するフレームワークです。実現したいUI構造や状態をそのままコードとして記述できます。

- 命令的UIは、どのようにUIを作るか（how）に着目してコードを記述するフレームワークです。状態を変更するための処理をコードで記述し、そのコードを実行した結果が新たなUIの状態になります。

- Viewは命令的UIフレームワークですが、部分的に宣言的な記述ができるように拡張されています。しかし、コードが分散しやすい、コードを再利用しづらいなどの弱点があります。

- Composeは完全に新しく作り直されたAndroid用UIフレームワークで、純粋な宣言的UIフレームワークです。

- Composeは少ないコードでシンプルにUIを記述できます。XMLリソースファイルは不要です。ViewやFragmentの継承も不要です。

- ComposeはUIコンポーネント内部に状態を持たず、関数の引数で表示結果が決まるため、UIの状態管理が簡単になります。

- ViewからComposeへの移行は、段階的に進めることができます。画面の一部から始めて、徐々にComposeの範囲を広げていくことができます。最終的に、一部をViewのまま残すこともできます。

- Composeは精力的な開発が続けられており、今後の発展が期待できます。モバイル用はもちろん、スマートウォッチやTV用のライブラリも開発されています。さらには、iOSなど他のプラットフォームのUIも作成できるようになりつつあります。

- Composeには課題もあります。Viewのレイアウトエディタのような高機能なレイアウト作成ツールはありません。パフォーマンスは改善途上です。APIがたびたび変更になります。このような課題を把握した上でComposeを導入してください。

第1部

Composeに親しむ

第2章

宣言的UIと
Composeの基本

基本的なUIの作り方を学び、
宣言的UIの考え方に慣れよう

第2章 宣言的UIとComposeの基本

基本的なUIの作り方を学び、宣言的UIの考え方に慣れよう

本章では、具体的なComposeのコードの書き方を、はじめての人にも理解できるように丁寧に解説します。

2.1節では、AndroidにおけるJetpack Composeのライブラリの位置付けと、Composeがどのようなライブラリで構成されているかを説明します。

2.2節では、プロジェクトの設定方法やテンプレートの選び方を説明し、最初のComposeのUIを作成します。

2.3節以降、ComposeでさまざまなUIを作成するための基本的な書き方を解説します。

宣言的UIに対する理解をより一層深めるために、第1章で説明した宣言的UIの特徴がコードに表れていることを確認しながら読むとよいでしょう。

2.1 Android JetpackとComposeライブラリの位置付け

はじめに、AndroidにおけるJetpack Composeライブラリの位置付けを確認しておきましょう。Androidアプリ開発で利用するAPIの関係を**図2.1**に示します。

Androidアプリ開発で利用するAPIは、大きく3つに分かれます。

1つめはAndroid OSにバンドルされているAPIで、Android Platform APIと呼ばれます。UI制御やハードウェア制御などAndroid OSの基本的な機能を提供します。

図2.1 Androidアプリ開発で利用するAPIの関係

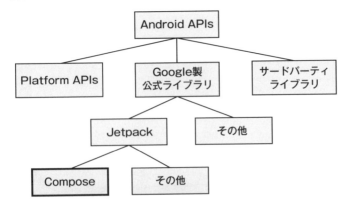

2つめはGoogleが提供するライブラリで、俗に公式ライブラリとも呼ばれるものです。Android Platform APIに比べて、より高度な機能をより簡単に扱えるようになっているものが多いです。

3つめはサードパーティライブラリで、Google以外の企業やコミュニティがOSSで開発しているライブラリです。DI（Dependency Injection）ライブラリ、HTTPクライアントライブラリ、画像表示ライブラリなど、特定の機能を実現するライブラリが多数存在しています。中には、世界中のアプリ開発者に利用されていて、準公式と言って差し支えないものもあります。

Android Jetpack[注1]（以下、Jetpack）は、Googleが提供するAndroid用ライブラリスイート（多数のライブラリを集めたもの）の一つです。いわゆる公式ライブラリと呼ばれるものの中で最も規模が大きいライブラリです。ライブラリのパッケージ名の多くがandroidxで始まることから、AndroidXと呼ばれることもあります。

そしてJetpack Composeは、Jetpackを構成するライブラリの一つという位置付けです。

Androidを支えるJetpack

Jetpackは、近年のAndroidアプリ開発では必要不可欠な存在になっています。UIに関するライブラリ、カメラなどのハードウェアを扱うライブラリ、データ永続化のためのライブラリ、テストを書くためのライブラリなど、高度な機能が多く提供されています。これらのライブラリを活用することによって、開発者は高機能なアプリを短期間で開発できます。

○ 優れた後方互換性

Jetpackの長所の一つが、古いAndroid OSに対する後方互換性に優れていることです。この後方互換性は、JetpackがAndroid OSにバンドルされるのではなく、ライブラリとして提供されることによって実現されています。

OSにバンドルされるAPIは、当然、OSのバージョンに依存します。新しいバージョンのOSで追加されたAPIは、それよりも古いバージョンのOSでは利用できません。開発者は、OSのバージョンによってコードを書き分ける必要があります。

注1　https://developer.android.com/jetpack

第2章 | 宣言的UIとComposeの基本
基本的なUIの作り方を学び、宣言的UIの考え方に慣れよう

一方でライブラリとしての提供であれば、そのライブラリがサポートする範囲で、OSのバージョンに関係なくAPIを利用できます。ライブラリに新しく追加されたAPIが古いバージョンのOSでも動作するので、OSのバージョンによって開発者がコードを書き分ける必要がありません。アプリの動作も統一されるので、OSバージョンごとにテストケースを分ける必要がなくなり、テストの工数も削減できます。

Composeもこの恩恵を受けています。ComposeはAPI Level 21（Android 5.0/Lollipop）以降をサポートしています。Composeは数か月に1回のペースでバージョンアップを続けています。バージョンアップで追加された機能が古いOSでも安心して利用できるので、開発者はComposeの新しい機能を積極的に導入できます。

●アプリ開発での利用方法

Jetpackは、Google Mavenリポジトリで公開されています。リポジトリとは、ライブラリがバージョン管理されて公開されているデータベースです。他のリポジトリとしては、さまざまなオープンソースライブラリが公開されているMaven Centralが有名です。

Androidアプリ開発でライブラリを使うには、リポジトリから必要なライブラリをダウンロードして利用します。ライブラリのダウンロードは、Gradleというビルドシステムが自動的に実行します。Gradleは、アプリで必要なライブラリをリポジトリから探してきて、適切なバージョンのライブラリをダウンロードします。

開発者が行うのは、Gradleが適切にライブラリをダウンロードできるように、検索対象とするリポジトリと、ライブラリのIDおよびバージョンを指定することです。検索対象リポジトリの指定や、利用するライブラリの指定は、Gradleのビルドスクリプトに記述します。

JetpackのAPIの仕様は、「Package Index - developer.android.com」注2で調べられます。Composeはandroidx.composeパッケージに含まれているので、androidx.composeで始まる項目を探すと、目的のAPIを見つけることができます。

注2 https://developer.android.com/reference/kotlin/androidx/packages

Composeライブラリの紹介

Composeは、複数のモジュールで構成されています。モジュールは、ある機能を実現するためのクラスや関数のまとまりです。Composeのモジュールは図2.2の階層構造になっていて、上位階層のモジュールが下位階層のモジュールに依存する形になっています。ただしCompilerは他のモジュールからは独立しています。

○ Compose Runtime

`androidx.compose.runtime`グループに属するモジュールです。Compose Runtimeは、Composeのライブラリの中で最も低レイヤーに位置するモジュールです。Composeのコードを書くために必要なアノテーションや、状態の更新を検出するAPIなど、Composeのコードを記述するために不可欠な仕組みを提供しています。

○ Compose UI

`androidx.compose.ui`グループに属するモジュールです。Compose UIは、テキストやグラフィックスの描画、タッチイベントの検出など、UIを構成するために必要な基本的な部品を提供するモジュールです。UIコンポーネントの見た目や振る舞いを変更するModifierインターフェースも、UIモジュールが提供しています。

○ Compose Animation

`androidx.compose.animation`グループに属するモジュールです。Compose

図2.2 Composeモジュールの階層構造

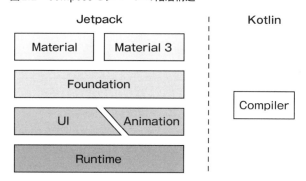

Animationは、アニメーション機能を提供するモジュールです。UIコンポーネントの表示と非表示を切り替えるアニメーションや、状態に連動してサイズや色を変化させるアニメーションなど、ComposeのUIの見た目をリッチにするさまざまなアニメーションAPIを提供しています。

O Compose Foundation

androidx.compose.foundationグループに属するモジュールです。Compose Foundationは、Compose UIを利用してベーシックなUIコンポーネントを提供するモジュールです。このモジュールが提供するUIコンポーネントは、デザイン的な意図を含まないプレーンなコンポーネントになっています。独自のデザインシステムを定義してUIコンポーネントを作成する場合は、このモジュールを利用して実装することになります。

O Compose MaterialとMaterial 3

androidx.compose.materialグループとandroidx.compose.material3グループに属するモジュールです。Compose MaterialとMaterial 3は、Googleが提唱するマテリアルデザイン（Material Design）に準拠したUIコンポーネントを提供するモジュールです。Compose Foundationモジュールが提供するプレーンなUIコンポーネントに、マテリアルデザインが定める見た目や振る舞いのルールを実装しています。

Materialモジュールは Material Design 2 に、Material 3 モジュールは Material Design 3 にそれぞれ準拠しています。本書に掲載のサンプルコードは、Material 3 を利用しています。

O Compose Compiler

Compose Compilerは、ComposeのUIを記述したコードをコンパイルするKotlinコンパイラプラグインです。Composeのコードを理解し、実行時にUI描画に必要なコードを生成します。

Compose Compilerは元々はJetpackの一部として提供されていましたが、Kotlin 2.0.0以降ではKotlinの一部として提供されるようになりました。

O Composeのバージョン

Composeライブラリは、先ほど紹介したグループごとにバージョン番号が割り当てられています。最新バージョンは「Compose - developer.android.

図2.3 Composeのバージョン番号構成

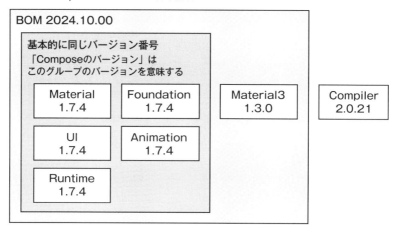

com」[注3]で確認できます。日本語ページは情報が古いので、必ず英語のページを確認してください。

図2.3にComposeのバージョン構成を整理します。図中に記載しているのは本書執筆時点のバージョン番号です。

Material、Foundation、UI、Animation、Runtimeの5つのグループは基本的に同じバージョン番号が割り当てられています(ただし、将来的にずっと同じと約束されているわけではありません)。「Composeのバージョンは1.x.xです」のような言い方をする場合は一般的に、これら5つのモジュールのバージョンを意味します。

上記5つのグループにMaterial 3を加えた6つのグループは、**BOM**という仕組みでバージョンをまとめて指定できます。BOMはBill of Materialsの略で、部品表を意味します。BOMは"2024.10.00"のようにリリース年月に基づいた表記になっています。BOMを利用すると、6つのグループそれぞれにバージョンを指定しなくて済むので、バージョン管理が少し楽になります。また、BOMを使ってライブラリのバージョンを揃えることで、ライブラリ間の互換性に起因する予期せぬ不具合に遭遇する可能性を減らせるメリットもあります。

プロジェクトで利用するComposeのバージョンを指定するには、libs.versions.tomlのversionsにバージョンを記述します。libs.versions.toml

---

注3 https://developer.android.com/jetpack/androidx/releases/compose#versions

| コラム | Kotlin 2.0への移行 |

ここでは、ComposeのプロジェクトをKotlin 2.0に移行する手順を説明します。Android Studio Koala以前で作成したComposeのプロジェクトはKotlin 2.0に対応していないので、Kotlin 2.0以降を利用したい場合は自分でプロジェクト設定を変更する必要があります[注a]。

はじめに、libs.versions.tomlの内容を変更します。Kotlinのバージョンを変更し、Composeコンパイラプラグインの記述を追加します。

```libs.versions.toml
[versions]
kotlin = "2.0.21" # バージョン変更

[plugins]
# 追加
kotlin-compose = { id = "org.jetbrains.kotlin.plugin.compose", version.↩
ref = "kotlin" }
```

続いて、プロジェクトのbuild.gradle.ktsを変更します。Composeコンパイラプラグインを追加します。

```build.gradle.kts(プロジェクト)
plugins {
    alias(libs.plugins.kotlin.compose) apply false // 追加
}
```

最後に、appモジュールのbuild.gradle.ktsを変更します。こちらにもComposeコンパイラプラグインを追加し、以前のComposeコンパイラの設定は削除します。

```build.gradle.kts(:app)
plugins {
    alias(libs.plugins.kotlin.compose) // 追加
}

android {
    // 以下3行を削除
    // composeOptions {
    //     kotlinCompilerExtensionVersion = "1.5.1"
    // }
}
```

注a Android Studio Ladybugから、デフォルトでKotlin 2.0が使われるようになりました。

は、次節で説明する手順でAndroid Studioでプロジェクトを作成すると自動的に作成されます。

```libs.versions.toml
[versions]
composeBom = "2024.10.00"
```

BOMに紐づけられているモジュールとバージョンの一覧は、「BOM to library version mapping - developer.android.com」[注4]で確認できます。最新のBOMだけでなく、過去のBOMも確認できます。こちらも最新情報を知りたい場合は英語ページを確認するようにしてください。

CompilerはKotlinに含まれているため、Kotlinのバージョンで識別されます[注5]。BOMにも含まれていません。

2.2 はじめてのCompose

それでは、Composeのプロジェクトを作成していきましょう。

Android Studioには、Composeのプロジェクトテンプレートが用意されています。本節ではプロジェクトテンプレートでプロジェクトを作成し、Composeのアプリの構成を確認します。プロジェクトテンプレートを使うと、必要なビルドスクリプトが自動的に作成されるので、前節で紹介したComposeのモジュールがはじめから利用可能な状態になります。なお、本節に掲載している手順やスクリーンショットはAndroid Studio Koala Feature Dropのものです。

Hello, Compose!

Android Studioでプロジェクトを作成するには、メニューバーで「File」➡「New」➡「New Project...」の順にクリックします（**図2.4**）。

New Projectダイアログが開くので、Empty Activityを選択し、Nextをクリックします（**図2.5**）。

注4 https://developer.android.com/jetpack/compose/bom/bom-mapping
注5 従来はCompiler自体のバージョン番号が存在し、Kotlinのバージョンに対応するCompilerのバージョンを選択する必要がありました。

図2.4 New Project...をクリック

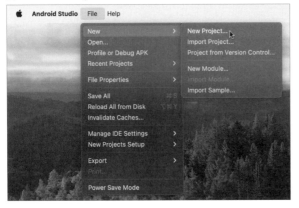

図2.5 Empty Activityを選択

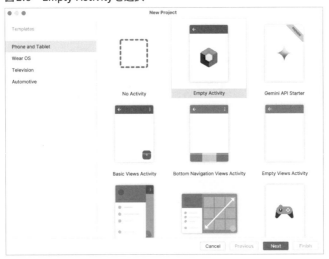

次の画面では、プロジェクト名を入力します。今回は「HelloCompose」としま
す(**図2.6**)。ComposeはAPIバージョン21以降に対応しているので、Minimum
SDKはAPI 21以降が選択可能です。Finishをクリックすると、プロジェクト
が作成されます。

プロジェクトが作成されて読み込みが完了したら、Run 'app' ボタンがクリ
ックできるようになるので、クリックして実行します(**図2.7**)。

画面に「Hello Android!」と表示されたら成功です(**図2.8**)。

コードを変更してHello Compose! と表示されるようにしてみます。Main

2.2 はじめてのCompose

図2.6 プロジェクト名を入力

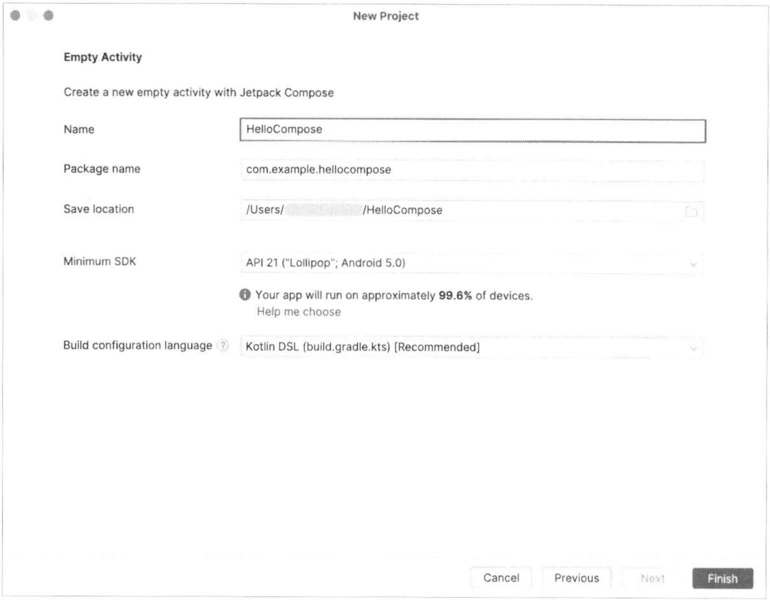

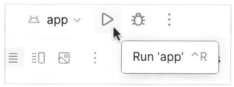

図2.7 Run 'app'ボタンをクリックして実行

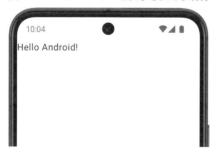

図2.8 Hello Android!と表示されたら成功

ActivityのonCreateで、挨拶を表示するGreetingが呼び出されています。この関数のname引数に"Android"を渡している部分を"Compose"に書き換えます(❶)。

第2章 宣言的UIとComposeの基本

基本的なUIの作り方を学び、宣言的UIの考え方に慣れよう

```
class MainActivity : ComponentActivity() {
    override fun onCreate(savedInstanceState: Bundle?) {
        super.onCreate(savedInstanceState)
        enableEdgeToEdge()
        setContent {
            HelloComposeTheme {
                Scaffold(modifier = Modifier.fillMaxSize()) { innerPadding ->
                    Greeting(
                        name = "Compose",           ──❶
                        modifier = Modifier.padding(innerPadding)
                    )
                }
            }
        }
    }
}
```

再度実行した結果は**図2.9**のとおり、「Hello Compose!」と表示されるようになります。

> **Note 自動生成されるコードの違い**
>
> プロジェクトテンプレート利用時に自動生成されるコードの内容は、Android Studioのバージョンによって違う場合があります。本節に掲載のコードは、Android Studio Koala Feature Dropが生成したコードです。
>
> 最近の変更点としては、Android Studio Jellyfish以降でedge-to-edgeを有効にしたコードが生成されるようになりました。edge-to-edgeはアプリの表示領域を画面全体に広げる機能で、有効にすると、ステータスバー(画面上部の時計や通知が表示されている部分)やナビゲーションバー(画面下部の横線が表示されている部分)の領域も含めてアプリで利用できるようになります。

図2.9 Hello Compose!と表示されたら成功

Composeのエントリーポイント

改めてMainActivityのコードを詳しく見ていきましょう。

```
class MainActivity : ComponentActivity() {
    override fun onCreate(savedInstanceState: Bundle?) {
        （省略）
        setContent {
            HelloComposeTheme {
                Scaffold(modifier = Modifier.fillMaxSize()) { innerPadding ->
                    Greeting(
                        name = "Compose",
                        modifier = Modifier.padding(innerPadding)
                    )
                }
            }
        }
    }
}
```

onCreateの中でsetContentを呼んでいます。setContentはComposeのエントリーポイントになる関数で、ラムダ[注6]の中がComposeのコードになります。Activityが生成されるとonCreateが呼ばれ、setContentのラムダに書いたComposeのUIが、Activityのコンテンツとして設定されます。

　HelloComposeThemeは、アプリのテーマを適用する関数です。この関数も、プロジェクト作成時にAndroid Studioが生成します。HelloComposeThemeのラムダの内部ではアプリのテーマが適用され、ボタンの色などが自動的に設定されます。

　Scaffoldは、マテリアルデザインのレイアウトを構築するためのベースとなる関数です。Scaffoldのラムダが、画面の実質的なメインコンテンツになります。ここではGreetingという挨拶を表示する関数を呼んでいます。

　また、innerPaddingをGreetingのpaddingに設定しています。これは、アプリのコンテンツが画面上下のバーなどに重ならないようにするための記述です。

　アプリのテーマとScaffoldについては第4章で説明します。

注6　setContentに続く｛ ｝に囲まれた部分をラムダと呼びます。ラムダについては第3章で改めて説明します。

コンポーザブル関数 —— UIを宣言する関数

さて、HelloComposeアプリのメインコンテンツのGreetingの実装を見ていきましょう。

```
@Composable
fun Greeting(name: String, modifier: Modifier = Modifier) {
    Text(
        text = "Hello $name!",
        modifier = modifier
    )
}
```

関数名の前に、@Composableというアノテーションがついています。@Composableアノテーションのついた関数を、**コンポーザブル関数**と呼びます。

ComposeのUIは、コンポーザブル関数の組み合わせで実装します。UIを記述するには、Greetingのように@Composableをつけてコンポーザブル関数を定義します。Greetingの中で呼び出しているTextは、文字列を表示するコンポーザブル関数です。先ほど確認したHelloComposeThemeやScaffoldもコンポーザブル関数です。前章で「Composeは関数ベースのUIフレームワーク」であると説明した理由がお分かりいただけたと思います。

なお、コンポーザブル関数は、単に**コンポーザブル**と呼ぶ場合もあります。この2つの呼び方は明確には区別されませんが、本書では、@Composableアノテーションがついた関数そのものをコンポーザブル関数、コンポーザブル関数が構築するUIをコンポーザブルと呼び分ける場合があります。

コンポーザブル関数には以下のルールがあります。

- **コンポーザブル関数は、コンポーザブル関数からしか呼び出せない**
- **UIを構築するコンポーザブル関数の戻り値は、Unitである**
- **戻り値がUnitのコンポーザブル関数の名前は、パスカルケースの名詞句とする**

1つめのルールは、コンポーザブル関数の呼び出し方に関するルールです。コンポーザブル関数はUIを構築する特殊な関数なので、コンポーザブル関数内から呼び出すか、setContentのようなComposeのエントリーポイントとなる関数から呼び出さなければなりません。

Greetingの例では、TextがコンポーザブルなのでXそれを呼び出すGreetingもコンポーザブル関数でなくてはなりません。試しにGreetingの

@Composableを削除すると、**図2.10**のように、Greetingには「コンポーザブル関数を呼び出す関数はコンポーザブル関数でなければならない」というエラーが、Textには「コンポーザブル関数はコンポーザブル関数からしか呼び出せない」というエラーが表示されます。

2つめのルールは、戻り値に関するルールです。UIを構築するコンポーザブル関数の戻り値は、Unitです。つまり、値を返しません。ComposeにはUIコンポーネントを表現するオブジェクトが存在しないので、コンポーザブル関数もUIそのものを返すことはありません。

ではコンポーザブル関数は何をしているかというと、UIの構造をメモリ上に構築しています。そのメモリ上の構造を、フレームワークが参照してUIを描画する仕組みです。なお、わざわざ「UIを構築するコンポーザブル関数」と書いたのは、そうでないコンポーザブル関数も存在し、その場合は戻り値がUnit以外になり得るからです。値を返すコンポーザブル関数は、第5章で説明します。

3つめは、コンポーザブル関数の命名ルールです。戻り値がUnitのコンポーザブル関数の名前は、パスカルケース(単語の先頭が大文字)で命名します。正確にはルールではなくガイドラインなので、破ってもエラーにはなりませんが、警告が表示されます。

また、戻り値がUnitのコンポーザブル関数の名前は、名詞句でなければなりません。サンプルのコンポーザブル関数も、Greet(挨拶する)やShowGreeting(挨拶を表示する)ではなく、Greeting(挨拶)という名詞で定義されています。

このような命名規則が適用されているのは、第1章で説明した宣言的UIの概念に従って、コンポーザブル関数が、どんなUIを作るか(what)を定義しているからでしょう。コンポーザブル関数はUIの実体の定義であり、処理を記

図2.10　@Composableを削除した場合のエラー

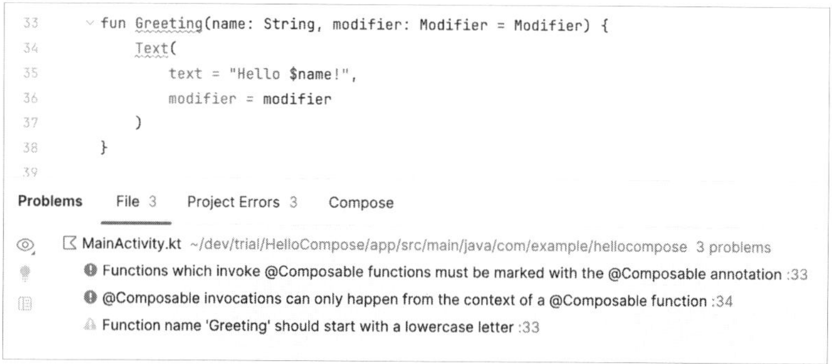

```
33      v fun Greeting(name: String, modifier: Modifier = Modifier) {
34          Text(
35              text = "Hello $name!",
36              modifier = modifier
37          )
38      }
39
```

Problems　　File 3　　Project Errors 3　　Compose

MainActivity.kt ~/dev/trial/HelloCompose/app/src/main/java/com/example/hellocompose 3 problems

● Functions which invoke @Composable functions must be marked with the @Composable annotation :33

● @Composable invocations can only happen from the context of a @Composable function :34

⚠ Function name 'Greeting' should start with a lowercase letter :33

述する関数というよりはクラスに近い概念なので、クラスの命名規則が適用されています(詳しくは「API Guidelines for Jetpack Compose」[注7]をご覧ください)。

改めてGreetingの内容を確認しましょう。

```
@Composable
fun Greeting(name: String, modifier: Modifier = Modifier) {
    Text(
        text = "Hello $name!",
        modifier = modifier
    )
}
```

@Composableアノテーションがついたコンポーザブル関数で、戻り値はUnitです。

引数nameで名前を受け取り、挨拶文を作成してTextに渡しています。Textは文字列表示のためのコンポーザブル関数です。したがって、Greetingは「指定した名前に対する挨拶文」を作るコンポーザブル関数であると言えます。

もう一つの引数modifierは、コンポーザブルの見た目や振る舞いを指定するものです。詳しくは2.4節で説明します。

プレビューで表示を確認する

前項までで画面の表示に必要なコードの説明は終わりです。しかしMainActivity.ktにはもう一つ関数が作成されています。

```
@Preview(showBackground = true)
@Composable
fun GreetingPreview() {
    HelloComposeTheme {
        Greeting("Android")
    }
}
```

コンポーザブル関数に@Previewというアノテーションがついています。こうすることによって、Android Studioの画面上でコンポーザブルのプレビューを表示できます。Kotlinのファイルを表示中は、右上にプレビュー表示を切り替えるボタンが出ます。Splitというボタンをクリックすると、**図2.11**のよ

注7　https://android.googlesource.com/platform/frameworks/support/+/androidx-main/
compose/docs/compose-api-guidelines.md#naming-unit-composable-functions-as-entities

図2.11 Split表示でプレビューを確認する

図2.12 プレビューが表示されない場合はBuild & Refreshをクリック

うにコードの横にプレビューを並べて表示できます。

　もしプレビューが期待どおりに表示されず、プレビューエリアの右上にOut of dateやPausedなどと表示されている場合は、そこをクリックしてダイアログを表示し、Build & Refreshをクリックしてプレビューを更新します（**図 2.12**）。プレビューは、文字列の変更など簡単な変更なら即座に反映されますが、大きな変更を加えるとこのように手動での反映が必要になる場合があります。

　プレビューは、実機やエミュレータでアプリ全体を動かさなくても、コンポーザブル単位で表示を確認できるので便利です。プレビューの詳細は2.8節で説明します。

2.3 コンポーザブルの表示

　ここからは、基本的なUIの作成方法を説明していきます。はじめに、これから紹介するコードの想定を説明します。

　これ以降本章では、いろいろなコンポーザブル関数を、以下のSampleのように紹介していきます。

```
@Composable
fun Sample() {
    (省略)
}
```

　紹介したコンポーザブル関数は、以下の❷の部分から呼び出していると想定してください。これは、前節のHelloComposeのコードのScaffoldの中身を置き換えたものです。❶のBoxは、Sampleがステータスバーと重複して表示されるのを避けるためにパディング（余白）を設定しています注8。

> サンプルのコンポーザブル関数を呼び出す側のコード

```
class MainActivity : ComponentActivity() {
    override fun onCreate(savedInstanceState: Bundle?) {
        super.onCreate(savedInstanceState)
        enableEdgeToEdge()
        setContent {
            Ch2SamplesTheme {
                Scaffold(modifier = Modifier.fillMaxSize()) { innerPadding ->
                    Box(modifier = Modifier.padding(innerPadding)) { ─❶
                        Sample() ─❷
                    }
                }
            }
        }
    }
}
```

文字列を表示する

　Composeで文字列を表示するには、Textを使います。

　Textはandroidx.compose.material3に定義されています。「androidx.compose.material3 - developer.android.com」注9にはText以外にもいろいろなMaterial 3のコンポーネントが定義されているので、何かUIコンポーネントを探したいときは使えそうなコンポーネントがあるか探してみるとよいでしょう。

　まずは単純に文字列を表示してみます。Textの引数にString型で文字列を渡せば表示できます（**図2.13**）。

注8　本来はパディングをSampleに直接設定するのが望ましいですが、この後に紹介するコンポーザブル関数の説明を簡単にするために、ここではBoxで囲っています。

注9　https://developer.android.com/reference/kotlin/androidx/compose/material3/package-summary

2.3 コンポーザブルの表示

`Textの利用例`
```
@Composable
fun TextSample1() {
    Text("I like Compose")
}
```

図2.13　文字列を表示

I like Compose

多言語対応などでXMLで定義している文字列リソースを表示する場合は、stringResourceを使います。

`stringResourceの利用例`
```
Text(stringResource(R.string.i_like_compose))
```

○ Text関数の定義

ここで、Textの定義を確認しましょう。関数の定義は、Android Studioで関数にマウスオーバーすると確認できます（**図2.14**）。または、先に紹介したdeveloper.android.comのリファレンスページでも確認できます。

Textの定義を以下に示します。

`Textの定義`
```
@Composable
fun Text(
    text: String,
    modifier: Modifier = Modifier,
    color: Color = Color.Unspecified,
    fontSize: TextUnit = TextUnit.Unspecified,
    fontStyle: FontStyle? = null,
    fontWeight: FontWeight? = null,
    fontFamily: FontFamily? = null,
    letterSpacing: TextUnit = TextUnit.Unspecified,
    textDecoration: TextDecoration? = null,
    textAlign: TextAlign? = null,
    lineHeight: TextUnit = TextUnit.Unspecified,
    overflow: TextOverflow = TextOverflow.Clip,
    softWrap: Boolean = true,
    maxLines: Int = Int.MAX_VALUE,
    minLines: Int = 1,
    onTextLayout: (TextLayoutResult) -> Unit = {},
    style: TextStyle = LocalTextStyle.current
): Unit
```

49

第2章 宣言的UIとComposeの基本

基本的なUIの作り方を学び、宣言的UIの考え方に慣れよう

図2.14 Android StudioでAPIの定義を確認

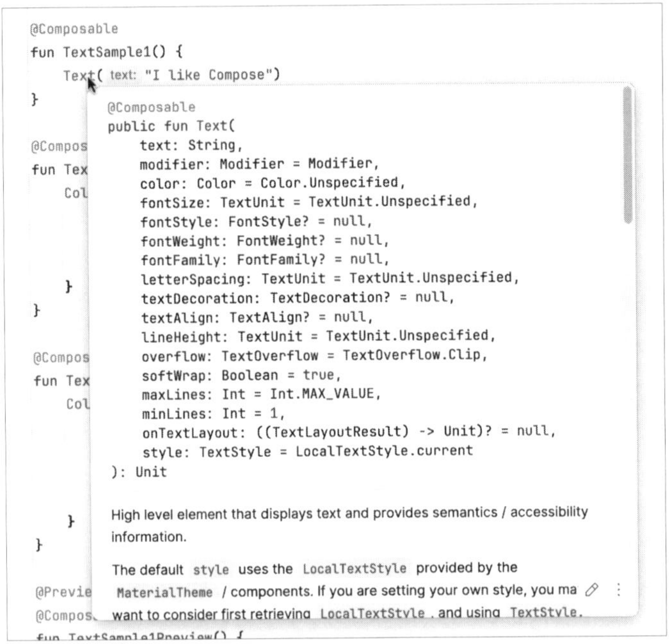

```
@Composable
fun TextSample1() {
    Text( text: "I like Compose")
}

        @Composable
        public fun Text(
            text: String,
            modifier: Modifier = Modifier,
            color: Color = Color.Unspecified,
            fontSize: TextUnit = TextUnit.Unspecified,
            fontStyle: FontStyle? = null,
            fontWeight: FontWeight? = null,
            fontFamily: FontFamily? = null,
            letterSpacing: TextUnit = TextUnit.Unspecified,
            textDecoration: TextDecoration? = null,
            textAlign: TextAlign? = null,
            lineHeight: TextUnit = TextUnit.Unspecified,
            overflow: TextOverflow = TextOverflow.Clip,
            softWrap: Boolean = true,
            maxLines: Int = Int.MAX_VALUE,
            minLines: Int = 1,
            onTextLayout: ((TextLayoutResult) -> Unit)? = null,
            style: TextStyle = LocalTextStyle.current
        ): Unit

        High level element that displays text and provides semantics / accessibility
        information.

        The default style uses the LocalTextStyle provided by the
        MaterialTheme / components. If you are setting your own style, you ma
        want to consider first retrieving LocalTextStyle , and using TextStyle.
```

Textには多くの引数が定義されていることが分かります。これらの引数を利用して、文字の見え方を指定することができます。

ところで、このように多くの引数が定義されているにもかかわらず、先ほどの例では、文字列を1つ引数に指定しただけで動作していました。これは、第2引数以降の引数に全てデフォルト値が定義されているおかげです。引数のデフォルト値はKotlinの便利な機能です。詳しくは第3章で説明します。

○ 文字の見え方の指定

次は先ほど確認したTextの引数を利用して文字の見え方を指定します。

次のコードは、fontSize引数で文字の大きさを指定しています。spは文字の大きさを指定する単位です。文字の大きさは端末の設定によって変化するので、専用の単位が用意されています。結果は**図2.15**のようになります。

```
fontSizeを指定する例
@Composable
fun TextSample2() {
    Column {
```

```
        Text(text = "I like Compose", fontSize = 10.sp)
        Text(text = "I like Compose", fontSize = 20.sp)
        Text(text = "I like Compose", fontSize = 30.sp)
    }
}
```

図2.15　文字サイズを指定

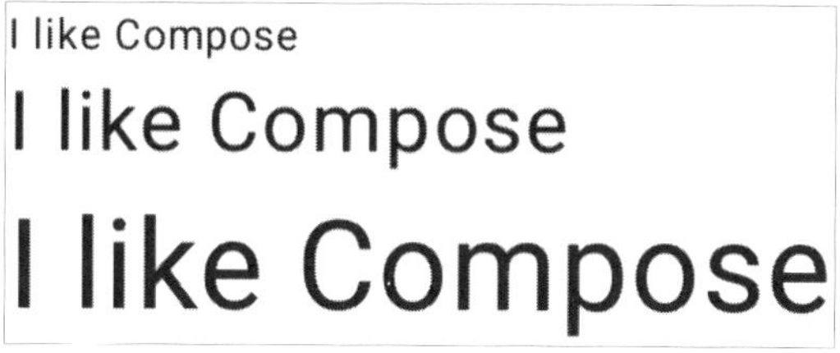

I like Compose

I like Compose

I like Compose

　なお、Columnはコンポーザブルを縦に並べる関数です。Columnについては2.5節で解説します。

　Textには多くの引数がありますが、上のコードの例のtextとfontSizeのように引数名を指定することによって、デフォルト値以外を指定したい引数だけを記述して関数を呼び出せます。ComposeのAPIは引数が多いので、引数名を指定して記述することをおすすめします。

　もう一つ試してみましょう。次のコードは、文字列の最大行数を指定しています。結果は**図2.16**に示します。

maxLinesを指定する例

```
@Composable
fun TextSample3() {
    Column {
        val story = "昔々あるところにおじいさんとおばあさんがいました。" +
                "おじいさんは山へ柴刈りに、おばあさんは川へ洗濯に行きました。"
        Text(text = story)
        Text(text = story, maxLines = 1, fontWeight = FontWeight.Bold)
    }
}
```

図2.16　最大行数を指定

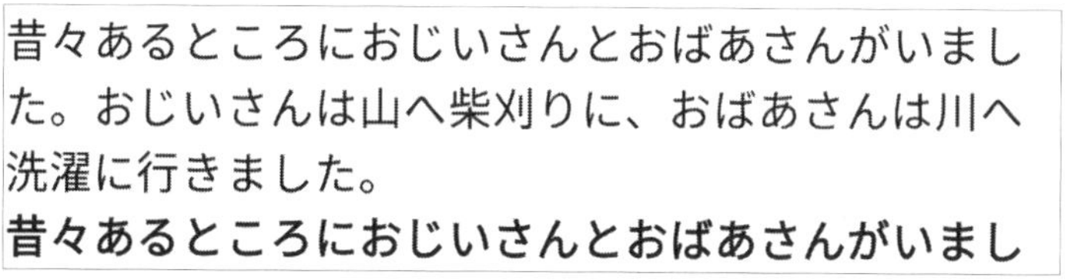

昔々あるところにおじいさんとおばあさんがいました。おじいさんは山へ柴刈りに、おばあさんは川へ洗濯に行きました。
昔々あるところにおじいさんとおばあさんがいまし

第2章 宣言的UIとComposeの基本
基本的なUIの作り方を学び、宣言的UIの考え方に慣れよう

> **注意　色の指定とテーマの関係**
>
> Textの文字色はcolor引数で指定します。しかし、色はテーマと密接に関連しています。テーマの詳細は第4章で説明しますが、ここでは簡単に注意点を説明します。
>
> Android Studioのテンプレートでプロジェクトを新規作成すると、自動的にテーマが作成されて適用されます。このテーマは、デフォルトでダークモードをサポートしていて、Textにも適用されます。端末のダークモードがオンのときは黒背景に白文字が表示され、オフのときは白背景に黒文字が表示されます。
>
> しかし、Text(text = "Hello", color = Color.Black)のように色をハードコーディングすると、端末のテーマを変更しても文字色は変わりません。そのためダークテーマで背景が黒くなったときに文字が見えなくなります。文字に限らず色を指定する際は、テーマの仕組みを理解した上で、ダークテーマとライトテーマの両方の色を指定することをおすすめします。

最大行数はmaxLinesで指定します。この例では全ての文字列を表示すると3行になります。maxLinesのデフォルト値はInt.MAX_VALUEなので、指定しない場合は文字列が全て表示されます。1を指定すると、1行しか表示しないので、長い文字列の後半が切れています。また、2つめのTextの方は、fontWeightで文字の太さも指定しています。

この例では、コンポーザブル関数内でstoryという変数を定義しています。コンポーザブル関数も通常の関数と同じように、ローカル変数を定義して使えます。

画像を表示する

次は、Imageコンポーザブルを使って画像を表示します。画像リソースを表示する最もシンプルなコードは下記のとおりです。結果は図2.17に示します。

```
Imageの利用例
@Composable
fun ImageSample() {
    Image(
        painter = painterResource(id = R.drawable.dog),
        contentDescription = "A dog image"
    )
}
```

図2.17 画像を表示

● Image関数の定義

Imageはandroidx.compose.foundationパッケージで定義されています。2.1節で説明したように、FoundationはMaterial 3より1つ下のレイヤーで、デザイン的な意図を含まないコンポーネントを定義しています。前項のTextの場合は、フォントや色などのマテリアルデザインの意図が反映されるためMaterial 3に定義されていましたが、Imageの場合はそのようなデザイン的な意図を含まないため、Foundationに定義されています。

Imageは3種類のオーバーライドが定義されていますが、最もよく使うのは次のpainter引数を持つタイプです。

Imageの定義
```
@Composable
fun Image(
    painter: Painter,
    contentDescription: String?,
    modifier: Modifier = Modifier,
    alignment: Alignment = Alignment.Center,
    contentScale: ContentScale = ContentScale.Fit,
    alpha: Float = DefaultAlpha,
    colorFilter: ColorFilter? = null
): Unit
```

painterとcontentDescriptionが必須の引数です。上の例でもこの2つの引数を指定しました。

painterには、Painterオブジェクトを渡します。Painterは抽象クラスで、何らかの方法で画像として描画するものを表します。いくつかの実装が用意されていますが、それらのクラスを直接扱うことは少なく、通常は用途に合ったPainterオブジェクトを作成する関数を使います。画像リソースを使う場合は、painterResourceでリソースIDを指定し、BitmapPainterオブジェ

クトを取得します。

contentDescriptionには、画像の内容を説明する文字列を指定できます。ここで指定した文字列は、OSの読み上げ機能を有効にした場合などに活用されます。読み上げが不要な場合はnullを指定します。contentDescriptionについて詳しくは第4章で説明します。

○ 画像の見え方の指定

Imageの引数のうち、よく使うcontentScaleを試しましょう。contentScaleは、画像のサイズと表示エリアのサイズが異なる場合の表示方法を❶のように指定します。

```
contentScaleを指定する例
Image(
    painter = painterResource(id = R.drawable.dog),
    contentDescription = null,
    contentScale = ContentScale.Fit, ―❶
    modifier = Modifier.size(300.dp) ―❷
)
```

表2.1にcontentScaleの値とその効果を、図2.18にそれぞれの表示結果を示します。他にもいくつかのオプションがありますが、よく使うのはこの4つで

表2.1 contentScaleの効果

contentScale	効果
Fit	画像全体が表示エリアの内側にちょうど収まるように表示する。画像と表示エリアの縦横比が一致しない場合は余白ができる。contentScaleのデフォルト値はFit
Crop	表示エリア全体をぴったり埋めるように画像を表示する。縦横比が一致しない場合は画像が切り取られる
FillBounds	画像の矩形を表示エリアの矩形に合わせる。画像サイズと表示エリアのサイズが異なる場合は、画像が拡大または縮小される
None	何も処理をしない。画像サイズと表示エリアのサイズが異なる場合は、画像の周囲が切り取られたり、画像の周囲に余白ができたりする

図2.18 contentScaleによる表示結果の違い

Fit　　　　　　Crop　　　　　　FillBounds　　　　　　None

しょう。

なお❷のModifier.sizeはコンポーザブルの表示サイズを指定します。表示サイズを指定しないと、Imageコンポーザブル自体のサイズが画像に合わせて変化してしまい、contentScaleの意味がないので、ここではサイズを指定しています。Modifierは次節で詳しく説明します。

2.4 コンポーザブルの見た目や振る舞いのカスタマイズ

コンポーザブルの見た目や振る舞いをカスタマイズするには、Modifierを使います。前節ではTextやImageの引数を使って見た目を指定しましたが、Modifierを使うとさらにいろいろなカスタマイズを加えられます。

例として、Textコンポーザブルに枠線を追加するコードを下記に示します。結果は**図2.19**のようになります。

Modifier.borderの利用例
```kotlin
@Composable
fun ModifierSample() {
    Text(
        text = "I like Compose",
        modifier = Modifier.border(1.dp, Color.Black)
    )
}
```

図2.19 Textに枠線を追加

I like Compose

以下にModifierでカスタマイズできる見た目の例を示します。

・背景
・枠線
・余白
・サイズ
・他のコンポーザブルとの位置関係

Modifierでカスタマイズできる振る舞いの例を以下に示します。コンポー

55

ザブルの振る舞いとは、コンポーザブルが何らかのイベントを受け取ったときの挙動を意味します。

・クリックやダブルクリックなどのイベントを検出したときの動作
・ジェスチャーイベントを検出したときの動作
・スクロール動作

　ちなみに、Modifierは日本語で修飾子を意味します。Kotlinではクラスや関数の定義につけるpublicやprivateなどを修飾子と呼び、クラスや関数の性質を指定する役割を持っていますが、Composeにおける修飾子も同様に、コンポーザブルの性質を指定する役割を持っています。

modifier引数の役割

　ComposeのUIコンポーネントを提供するAPIは基本的に、modifierという引数を持っています。modifier引数に任意のModifierオブジェクトを渡すことによって、コンポーザブルの見た目や振る舞いをカスタマイズできます。

　一般に、特定のコンポーザブルに限定されない汎用的なカスタマイズは、modifier引数を利用して指定します。対して、コンポーザブル関数が扱うコンテンツそのもののカスタマイズは、専用の引数を利用して指定します。

　例としてTextの定義を改めて確認すると、第2引数にmodifierがあります。枠線の追加などの汎用的なカスタマイズには、modifier引数を使います。一方、前節で扱ったfontSizeやmaxLinesは、文字列そのものの見た目の変更です。Textが扱うコンテンツそのものに対するカスタマイズなので、専用の引数が用意されています。

```
@Composable
fun Text(
    text: String,
    modifier: Modifier = Modifier,
    color: Color = Color.Unspecified,
    fontSize: TextUnit = TextUnit.Unspecified,
    fontStyle: FontStyle? = null,
    fontWeight: FontWeight? = null,
    fontFamily: FontFamily? = null,
    letterSpacing: TextUnit = TextUnit.Unspecified,
    textDecoration: TextDecoration? = null,
    textAlign: TextAlign? = null,
    lineHeight: TextUnit = TextUnit.Unspecified,
```

```
    overflow: TextOverflow = TextOverflow.Clip,
    softWrap: Boolean = true,
    maxLines: Int = Int.MAX_VALUE,
    minLines: Int = 1,
    onTextLayout: (TextLayoutResult) -> Unit = {},
    style: TextStyle = LocalTextStyle.current
): Unit
```

自由度の高いカスタマイズを可能にするModifierチェーン

Modifierは、メソッドチェーンでいろいろなカスタマイズを組み合わせることができます。例えば、背景を灰色にして、枠線をつけて、パディングを設定したい場合は以下のように書きます（**図2.20**）。

```
Text(
    text = "I like Compose",
    modifier = Modifier ──❶
        .background(Color.LightGray)
        .border(1.dp, Color.Black)
        .padding(10.dp)
)
```

図2.20　メソッドチェーンでカスタマイズを組み合わせ

I like Compose

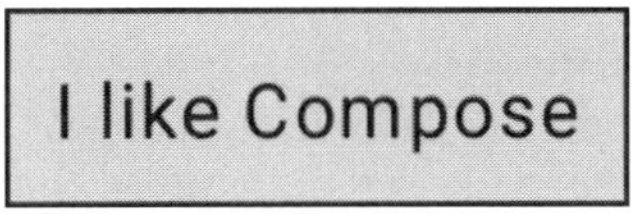

このようにModifierに続けて複数のメソッドをつなげたものをModifierチェーンと呼びます。❶のModifierは、これ自体は何も効果を持たない空のModifierオブジェクトで、Modifierチェーンの起点となります。これに次々とModifierメソッドを書き連ねていけば、自由にコンポーザブルをカスタマイズできます。

見た目をカスタマイズするModifier

既にいくつかのModifier関数を紹介しましたが、他にも便利なModifier関数が多くあるので、一部を紹介します。

第2章 宣言的UIとComposeの基本

基本的なUIの作り方を学び、宣言的UIの考え方に慣れよう

○ サイズの指定

コンポーザブルのサイズの指定によく使われるModifierを**表2.2**に示します。

ここでは例として、sizeの利用例を下記に示します。

```
Modifier.sizeの利用例
Text(
    text = "I like Compose",
    modifier = Modifier
        .size(width = 200.dp, height = 100.dp)
)
```

○ 背景と枠線の指定

sizeを指定しただけでは本当に意図どおりのサイズになっているか確認できないので、backgroundとborderで背景と枠線を追加します。単色で背景色を指定する方法は先ほど紹介したので、ここでは背景にグラデーションを適用してみます。

グラデーションは、Brushを使って表現します。Brushは、領域を塗りつぶす方法を提供するオブジェクトです。ここでは白から灰色へのグラデーションを作成して背景に使用しています。

```
Brushの利用例
Text(
    text = "I like Compose",
    modifier = Modifier
        .size(width = 200.dp, height = 100.dp)
        .background(Brush.linearGradient(listOf(Color.White, Color.Gray)))
        .border(1.dp, Color.Black)
)
```

表2.2　サイズを指定するModifier

Modifier	用途
size	幅と高さを指定する
width	幅のみを指定する
height	高さのみを指定する
aspectRatio	縦横比を指定する
fillMaxSize	可能な限り大きく表示する
fillMaxWidth	幅を可能な限り大きく表示する
fillMaxHeight	高さを可能な限り大きく表示する

2.4 コンポーザブルの見た目や振る舞いのカスタマイズ

> ### コラム | dpとsp —— Composeの大きさの単位
>
> **dp**はAndroid端末の画面上の論理的なサイズを表す単位です。dpはDensity-independent Pixelsの略で、ディスプレイの物理的な画素とは異なり、論理的な画素を表します。
>
> Androidはハードウェアのバリエーションが豊富で、同じくらいの大きさのデバイスでも、ディスプレイの解像度が大きく異なる場合があります。解像度の異なるデバイスで物理的な画素を基準にUIを作成すると、あるデバイスではボタンが小さすぎて押せなかったり、別のデバイスではコンテンツが画面に収まりきらなかったりといった問題が生じます。こうした問題を避けるために、デバイスが異なってもだいたい同じくらいの画面サイズとして扱える論理的な単位として、dpが定義されています。
>
> Composeでは、コンポーザブルのサイズや枠線の幅などの単位として、dpを用います。
>
> **sp**はScalable Pixelsの略で、デフォルトではdpと同じサイズですが、端末のフォントサイズの設定に連動してサイズが変化します。Textコンポーザブルなどでテキストのフォントサイズを指定するときは、spを用います。

結果を**図2.21**に示します。コンポーネントが指定したサイズに拡大され、背景と枠線も描画されていることが確認できます。

図2.21　size、background、borderを適用した結果

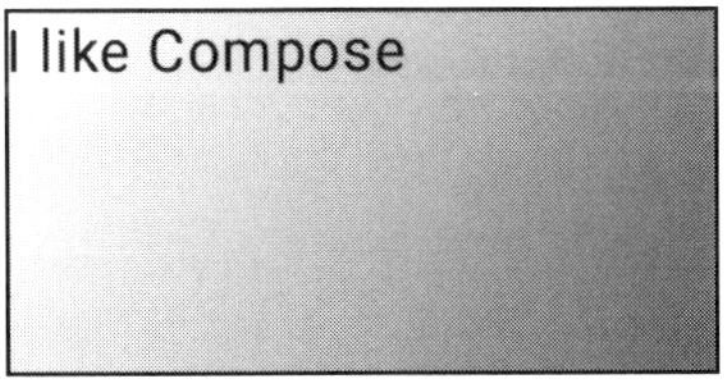

● 形状の指定

次はコンポーザブルの形状を指定します。

backgroundやborderには、Shapeを指定できます。代表的なShapeを**表2.3**に示します。

ここではRoundedCornerShapeを使います。backgroundとborderそれぞれにshapeを指定することに注意してください。

表2.3 代表的なShape

Shape	用途
RectangleShape	矩形で描画する
RoundedCornerShape	角丸の矩形で描画する
CircleShape	短辺の半分を半径とする角丸。幅と高さが等しいコンポーザブルに適用すると円形になる
CutCornerShape	面取りを行う

Shapeを指定する例
```
Text(
    text = "I like Compose",
    modifier = Modifier
        .size(width = 200.dp, height = 100.dp)
        .background(
            brush = Brush.linearGradient(listOf(Color.White, Color.Gray)),
            shape = RoundedCornerShape(20.dp)
        )
        .border(
            width = 1.dp,
            color = Color.Black,
            shape = RoundedCornerShape(20.dp)
        )
)
```

結果は**図2.22**のとおりです。角が丸くなったのは期待どおりですが、文字列がはみ出してしまいました。

図2.22 角を丸めた結果

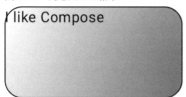

○ 余白の指定

角を丸めると文字列がはみ出してしまったので、余白を指定して文字列がはみ出さないようにします。余白はpaddingで指定します。

Modifier.paddingの利用例
```
Text(
    text = "I like Compose",
    modifier = Modifier
```

```
        .size(width = 200.dp, height = 100.dp)
        .background(
            brush = Brush.linearGradient(listOf(Color.White, Color.Gray)),
            shape = RoundedCornerShape(20.dp)
        )
        .border(
            width = 1.dp,
            color = Color.Black,
            shape = RoundedCornerShape(20.dp)
        )
        .padding(10.dp) // この1行を追加
)
```

結果は**図2.23**のとおりです。文字列が枠線の内側に収まりました。

図2.23　paddingを適用した結果

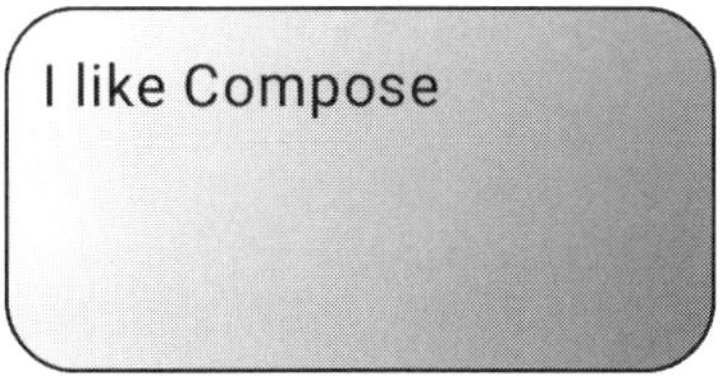

このように、いろいろなModifier関数を連結することによって、コンポーザブルの見た目をカスタマイズすることができます。標準APIで用意されているModifier関数の組み合わせだけで、かなり自由度高くカスタマイズが可能です。

本節で紹介した以外にも、いろいろなModifier関数があります。Modifier関数は複数のパッケージに分散して実装されていてリファレンスを探しづらいのですが、「List of Compose modifiers - developer.android.com」[注10]にある程度情報がまとまっているので、まずはこのページを探してみるとよいでしょう。

Modifierの順番

Modifierチェーンを実装する際は、関数を連結する順番に気をつけてください。Modifierチェーンは基本的に前から順に評価され、コンポーネントに適用されます。

注10　https://developer.android.com/jetpack/compose/modifiers-list

```
Text(
    text = "I like Compose",
    modifier = Modifier
        .size(width = 200.dp, height = 100.dp)
        .background((省略))
        .border((省略))
        .padding(10.dp)
)
```

先の例では、以下の手順でコンポーネントが構築されます。

❶ sizeの指定に従い、200dp × 100dpでコンポーネントの領域を確保する

❷ 確保済みの200dp × 100dpの領域に対して、backgroundの指定に従い背景を設定する

❸ 同様に、borderの指定に従い枠線を設定する

❹ 200dp × 100dpの枠線や背景の内側に、paddingの指定に従い10dpの余白を確保する

❺ 余白の内側に文字列を配置する

　最終的には、200dp × 100dpの領域に枠線と背景を描画し、その内側に10dp
の余白を確保して文字列を描画します。

　ここでpaddingの位置をborderとbackgroundの間に移動すると、結果はど
うなるでしょうか。

```
Text(
    text = "I like Compose",
    modifier = Modifier
        .size(width = 200.dp, height = 100.dp)
        .background((省略))
        .padding(10.dp)
        .border((省略))
)
```

　Modifier関数の適用順序が変わり、構築されるコンポーネントも変化しま
す。

❶ sizeの指定に従い、200dp × 100dpでコンポーネントの領域を確保する

❷ 確保済みの200dp × 100dpの領域に対して、backgroundの指定に従い背景を設定する

❸ 200dp × 100dpの背景の内側に、paddingの指定に従い10dpの余白を確保する

❹余白の内側に、borderの指定に従い枠線を設定する
❺余白の内側に文字列を配置する

最終的には、200dp × 100dpの領域に背景を描画し、その内側に余白を確保して枠線と文字列を描画します。結果は**図2.24**のようになります。

図2.24　paddingの位置を移動した結果

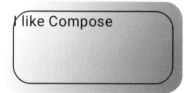

このように、Modifierチェーンは連結の順序によって結果が変化するので、期待どおりの結果になっているかを確認しながら実装することをおすすめします。

振る舞いを定義するModifier

Modifierは見た目のカスタマイズだけでなくコンポーザブルの振る舞いを追加することもできます。振る舞いの代表的なものはクリックやジェスチャーなどのイベントを検出したときの動作です。ここでは簡単なクリックイベントの処理の記述方法を説明します。

クリックイベント発生時の処理は`clickable`で記述できます。

Modifier.clickableの利用例
```
Text(
    text = "I like Compose",
    modifier = Modifier
        .clickable { println("Click!") }
)
```

`clickable`を`modifier`に設定すると、そのコンポーザブルがクリック可能になります。そして、クリックイベントが発生したときにラムダの処理がコールバックとして呼び出されます。上記の例では、文字列部分をクリックすると「Click!」というログを出力します。

`clickable`のような振る舞いを定義するModifierも、Modifierチェーンの順序の影響を受けることに注意してください。例えば、以下のように`padding`

第2章 宣言的UIとComposeの基本
基本的なUIの作り方を学び、宣言的UIの考え方に慣れよう

の前に clickable を書くと、余白の領域も含めてクリックできます。

```
Text(
    text = "I like Compose",
    modifier = Modifier
        .clickable { println("Click!") }
        .padding(10.dp)
)
```

しかし、以下のように padding の後に clickable を書くと、余白領域はクリックできません。

```
Text(
    text = "I like Compose",
    modifier = Modifier
        .padding(10.dp)
        .clickable { println("Click!") }
)
```

順序を間違えると、想定よりもクリック可能な領域が小さくてクリックしづらいボタンになったり、逆に想定よりもクリック可能な領域が大きくなって間違ってタップすることが増えたりするので、注意が必要です。

2.5 簡単なレイアウト

本節では、複数のコンポーザブルを配置する方法を説明します。前節までに学んだ Text と Image を画面内に並べて配置します。本節の内容を理解すると、UI作成の自由度が一気に上がります。

レイアウトのためのコンポーザブル

Text や Image に代表されるように、1つのUIコンポーネントは1つのコンポーザブル関数で表現されます。では画面内に複数のコンポーネントを並べて表示するにはどうするかというと、レイアウト用のコンポーザブル関数を使います。レイアウト用のコンポーザブル関数のラムダの中に、コンポーザブル関数を並べて記述することによって、UIコンポーネントを並べて配置することができます。コンポーネントを並べて表示するコードには、コードの構造と描画されるUIの構造が一致する宣言的UIの特徴が現れます。

2.5　簡単なレイアウト

　代表的なレイアウトコンポーザブル関数は、Column、Row、Boxです。この
3つのコンポーザブル関数を組み合わせることによって、さまざまなレイア
ウトを実現できます。

　では、順に説明していきます。

● Columnで縦に並べる

　まずはこれまでにも何度か登場しているColumnです。Columnを使うと、コ
ンポーザブルを縦に並べられます（**図2.25**）。

Columnの利用例

```
@Composable
fun ColumnSample() {
    Column {
        Text(text = "Good Morning!")
        Text(text = "Good Afternoon!")
        Text(text = "Good Evening!")
        Text(text = "Good Night!")
    }
}
```

図2.25　Columnでコンポーザブルを縦に並べる

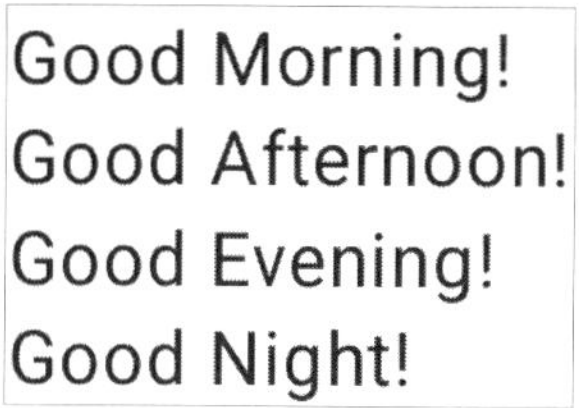

Good Morning!
Good Afternoon!
Good Evening!
Good Night!

　Columnの定義を以下に示します。

Columnの定義

```
@Composable
inline fun Column(
    modifier: Modifier = Modifier,
    verticalArrangement: Arrangement.Vertical = Arrangement.Top,
    horizontalAlignment: Alignment.Horizontal = Alignment.Start,
    content: @Composable ColumnScope.() -> Unit
): Unit
```

　先ほどの例では、第1〜第3引数は省略してデフォルト値を使用していま
す。そして、第4引数のcontentに渡されているのが、Columnの後ろに続い
ているTextを4つ含んだラムダです。第3章で詳しく説明しますが、Kotlinで

65

は関数に渡す引数がラムダ1つだけの場合、関数の()を省略できます。この記法によって、Columnの下の階層にTextが並んでいるというUI構造が、コード上で把握しやすくなります。

また、第4引数contentは@Composableがついているのでコンポーザブル関数です。このようにレイアウト用のコンポーザブル関数は、引数に別のコンポーザブル関数を受け取ります。これによってUIの階層構造を実現しています。

● Rowで横に並べる

次はRowです。Rowを使うと、コンポーザブルを横に並べられます（**図2.26**）。

```
Rowの利用例
@Composable
fun RowSample() {
    Row {
        Image(
            painter = painterResource(id = R.drawable.dog),
            contentDescription = null,
            modifier = Modifier.size(100.dp)
        )
        Image(
            painter = painterResource(id = R.drawable.cat),
            contentDescription = null,
            modifier = Modifier.size(100.dp)
        )
        Image(
            painter = painterResource(id = R.drawable.bird),
            contentDescription = null,
            modifier = Modifier.size(100.dp)
        )
    }
}
```

図2.26 Rowでコンポーザブルを横に並べる

2.5 簡単なレイアウト

| 注 意 | 言語とRowの向き |

　Rowは左から右へコンポーザブルを並べると考えがちですが、これは必ずしも正確ではありません。Rowがコンポーザブルを並べる方向は、言語に依存します。日本語や英語などのLTR（Left to Right）言語環境では左から右へ並べますが、アラビア語などのRTL（Right to Left）言語環境では右から左へ並べます。

　ComposeのAPIで横方向の概念を扱うと、LeftやRightではなくStartやEndという表現をよく見かけます。この表現を見かけたら、言語によって左右が反転すると考えてください。StartはLTR環境では左を意味しますが、RTL環境では右を意味します。Endはその反対です。

　ただ、LTRとRTLの違いを毎回考慮していると説明が煩雑になるため、本書ではLTR環境を前提として説明します。

○ Boxで重ねる

　Boxはコンポーザブルを重ねて表示します。Boxは、ラムダの中で記述した順にコンポーザブルを重ねていくため、コードで下に書いたコンポーザブルほど画面では手前に配置されます（**図2.27**）。

Boxの利用例

```
@Composable
fun BoxSample() {
    Box {
        Image(
            painter = painterResource(id = R.drawable.dog),
            contentDescription = null,
            contentScale = ContentScale.Crop,
            modifier = Modifier.size(150.dp)
        )
        Text(
            text = "This is a dog.",
            color = Color.White
        )
    }
}
```

　RowがX軸、ColumnがY軸に沿ってコンポーザブルを並べるとするなら、BoxはZ軸に沿ってコンポーザブルを並べるレイアウトと言えます（**図2.28**）。

67

図2.27 Boxでコンポーザブルを重ねる	図2.28 XYZ軸に沿って配置するレイアウト
	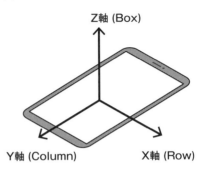

サイズを指定する

次は、コンポーザブルのサイズの指定方法を3種類紹介します。

○ 絶対値でサイズを指定する

絶対値でサイズを指定するには、前節で説明したModifier.sizeを使います。ここで絶対値とは、親コンポーザブルや周囲のコンポーザブルとの相対値ではなく、そのコンポーザブル自体のサイズを指定するという意味です。

```
@Composable
fun AbsoluteSizeSample() {
    Row {
        Image(
            painter = painterResource(id = R.drawable.dog),
            modifier = Modifier.size(size = 100.dp), ―❶
            （省略）
        )
        Image(
            painter = painterResource(id = R.drawable.cat),
            modifier = Modifier.size(width = 150.dp, height = 200.dp), ―❷
            （省略）
        )
    }
}
```

❶のsizeは、引数を1つ取り、幅と高さに同じ値を設定します。❷のsizeは、幅と高さをそれぞれ指定します。結果は**図2.29**のようになります。

図2.29 Modifier.sizeでサイズを指定する

この他に、幅だけを指定するwidthや、高さだけを指定するheightもよく使います。この場合、指定しない方の長さは、コンテンツの大きさや親コンポーザブルの大きさによって決まります。

親に対する相対値でサイズを指定する

親コンポーザブルに対する相対値でサイズを指定するには、fillMaxSize、fillMaxWidth、fillMaxHeightを使います。親コンポーザブルとは、あるコンポーザブルをラップしている1つ上の階層のコンポーザブルのことです。

Modifier.fillMaxWidthの利用例
```
@Composable
fun RelativeToParentSizeSample() {
    Column(modifier = Modifier.width(300.dp)) {
        Image(
            painter = painterResource(id = R.drawable.dog),
            modifier = Modifier.fillMaxWidth(), ―❶
            (省略)
        )
        Image(
            painter = painterResource(id = R.drawable.cat),
            modifier = Modifier.fillMaxWidth(0.7f), ―❷
            (省略)
        )
    }
}
```

Imageに対してfillMaxWidthを指定しています。この場合、Imageの親コンポーザブルはColumnです。❶のように引数なしでfillMaxWidthを指定すると、親コンポーザブルと同じ幅になります。Columnの幅が300dpなので、Imageの幅も300dpになります。❷はfillMaxWidthに0.7を指定しています。これは親コンポーザブルの70％の幅を指定することになるので、Imageの幅は

210dpになります。結果は**図2.30**のとおりです。

図2.30　Modifier.fillMaxWidthでサイズを指定する

○ 同じ階層内の相対値でサイズを指定する

同じ階層内の他のコンポーザブルとの相対値でサイズを指定するには、weightを使います。

```
Modifier.weightの利用例
@Composable
fun RelativeToSiblingsSample1() {
    Row(modifier = Modifier.width(600.dp)) {
        Image(
            painter = painterResource(id = R.drawable.dog),
            modifier = Modifier.weight(2f)
            （省略）
        )
        Image(
            painter = painterResource(id = R.drawable.cat),
            modifier = Modifier.weight(1f)
            （省略）
        )
    }
}
```

この例では、2つのImageにweightで2と1を指定しているので、画像の幅が2：1になります。親のRowの幅が600dpなので、それぞれのImageの幅は400dpと200dpになります。結果は**図2.31**のとおりです。

図2.31 Modifier.weightでサイズを指定する

weightは同列に並んだコンポーザブル同士の大きさの比率を指定するという性質上、RowやColumnの下の階層のみで利用できます。Rowの下の階層で使う場合は幅を、Columnの下の階層で使う場合は高さを指定する働きをします。

weightを指定しているコンポーザブルと指定していないコンポーザブルが混在している場合は、weightを指定していないコンポーザブルのサイズが先に決まり、残った領域をweightを指定しているコンポーザブルで分割します。

```
@Composable
fun RelativeToSiblingsSample2() {
    Row(modifier = Modifier.width(500.dp)) {
        Image(
            painter = painterResource(id = R.drawable.dog),
            modifier = Modifier.weight(1f),
            (省略)
        )
        Image(
            painter = painterResource(id = R.drawable.cat),
            modifier = Modifier.width(100.dp),
            (省略)
        )
        Image(
            painter = painterResource(id = R.drawable.bird),
            modifier = Modifier.weight(1f),
            (省略)
        )
    }
}
```

この例では中央のImageはwidthで幅を指定しているので、まず中央のImageの幅が100dpに決まります。左右のImageはそれぞれweight(1f)を指定しているので、残りの400dpを1：1に分割します。結果は図2.32のとおりです。

第2章 宣言的UIとComposeの基本
基本的なUIの作り方を学び、宣言的UIの考え方に慣れよう

図2.32 Modifier.weightの有無が混在している場合

スペースを空ける

次は、コンポーザブルの間にスペースを空ける方法を紹介します。スペースを空ける方法はいくつかあり、状況によって使い分けます。

○ Spacer

最初に紹介するのはSpacerです。その名のとおりスペースを確保するためのコンポーザブル関数です。

```
Spacerの利用例
@Composable
fun SpacerSample() {
    Row {
        Image(
            painter = painterResource(id = R.drawable.dog),
            modifier = Modifier.width(100.dp),
            （省略）
        )
        Spacer(modifier = Modifier.width(50.dp))
        Image(
            painter = painterResource(id = R.drawable.cat),
            modifier = Modifier.width(100.dp),
            （省略）
        )
    }
}
```

Spacerは引数にModifierを受け取ります。前項で紹介したいずれかの方法でサイズを指定するModifierを渡すことによって、任意の大きさのスペースを確保できます。結果は図2.33のとおりです。

2.5 簡単なレイアウト

図2.33　Spacerでスペースを空ける

この例ではRowの中に横方向のスペースを確保したいので、widthを指定しています。Columnの中でheightを指定すれば、縦方向のスペースを確保できます。

○ padding

次に紹介するのはpaddingです。コンテンツの周囲に余白を確保するためのModifier関数です。

```
@Composable
fun PaddingSample() {
    Row {
        Image(
            painter = painterResource(id = R.drawable.dog),
            modifier = Modifier.width(100.dp).padding(10.dp),
            (省略)
        )
        Image(
            painter = painterResource(id = R.drawable.cat),
            modifier = Modifier.width(100.dp).padding(10.dp),
            (省略)
        )
    }
}
```

上の例では、2つのImageの画像の周囲に10dpの余白を確保しています。結果は図2.34のとおりです。

図2.34　Modifier.paddingでスペースを空ける

　paddingは上下左右それぞれ別々の値を設定できる関数も用意されているので、柔軟な設定が可能です。一方で、隣り合ったコンポーザブルや親子のコンポーザブルにそれぞれpaddingを設定していると、コードのどの部分でどれだけの余白を設定しているのか分かりづらくなるので、秩序を保った書き方をすることが望ましいです。

　スペースの確保にpaddingを使うかSpacerを使うかは判断が難しいですが、そのスペースがコンポーザブルに紐づいた余白ならpadding、レイアウトに紐づいた余白ならSpacerを使うのが一つの目安となります。例えば、コンポーザブルの配置を入れ替えても同じコンポーザブルに同じ余白をつけるのであれば、その余白はコンポーザブルに紐づいていると言えるのでpaddingが適切です。一方で、表示内容が変化しても、レイアウト上に常に一定サイズで存在する余白は、レイアウトに紐づいていると言えるのでSpacerが適切です。

位置を揃える

　ColumnやRowに配置したコンポーザブルの位置を揃えるには、ArrangementとAlignmentを使います。Arrangementはコンポーザブルを並べる方向と同じ方向の配置を指定し、Alignmentはコンポーザブルを並べる方向とは垂直方向の位置揃えを指定します（図2.35）。

　改めてColumnとRowの定義を確認します。Columnは縦方向にコンポーザブルを並べるので、verticalArrangementとhorizontalAlignmentという引数があります。Rowは横方向にコンポーザブルを並べるので、horizontalArrangementとverticalAlignmentという引数があります。

2.5 簡単なレイアウト

図 2.35 Arrangement と Alignment の方向

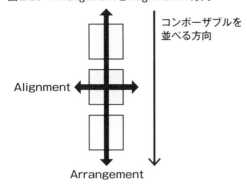

```
inline fun Column(
    modifier: Modifier = Modifier,
    verticalArrangement: Arrangement.Vertical = Arrangement.Top,
    horizontalAlignment: Alignment.Horizontal = Alignment.Start,
    content: @Composable ColumnScope.() -> Unit
): Unit

inline fun Row(
    modifier: Modifier = Modifier,
    horizontalArrangement: Arrangement.Horizontal = Arrangement.Start,
    verticalAlignment: Alignment.Vertical = Alignment.Top,
    content: @Composable RowScope.() -> Unit
): Unit
```

◯ Arrangement

Column の verticalArrangement 引数は、縦方向のコンポーザブルの配置を指定します。コードでは❶のように記述します。

Arrangement を指定する例
```
@Composable
fun ArrangementSample() {
    Column(
        modifier = Modifier.height(400.dp),
        verticalArrangement = Arrangement.Top ──❶
    ) {
        Image(
            painter = painterResource(id = R.drawable.dog),
            modifier = Modifier.size(100.dp),
            (省略)
        )
        Image(
```

```
            painter = painterResource(id = R.drawable.cat),
            modifier = Modifier.size(100.dp),
            (省略)
        )
        Image(
            painter = painterResource(id = R.drawable.bird),
            modifier = Modifier.size(100.dp),
            (省略)
        )
    }
}
```

表2.4にverticalArrangementの値とコンポーザブルの配置の関係を示し、表示結果を図2.36に示します。Arrangementは配置を指定する方法として紹

表2.4 Arrangementと配置の関係

Arrangement	配置
Top	上に寄せて隙間なく並べる
Bottom	下に寄せて隙間なく並べる
Center	中央に隙間なく並べる
SpaceAround	各コンポーザブルの上下に均等にスペースを空ける。最上部と最下部はコンポーザブル間のスペースの半分になる
SpaceEvenly	コンポーザブルの間、最上部、最下部に均等にスペースを空ける
SpaceBetween	最上部と最下部を隙間なく配置し、コンポーザブル間は均等にスペースを空ける
specedBy()	コンポーザブル間に指定したdpのスペースを空ける

図2.36 Arrangementによる配置の表示結果

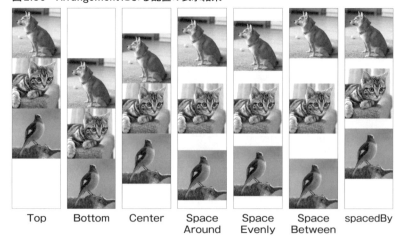

2.5 簡単なレイアウト

介しましたが、スペースを空ける方法としても利用できることが分かります。

Rowの場合は向きが上下ではなく左右になりますが、考え方はColumnと同じです。TopとBottonはColumnに対してだけ使用できます。Rowでは代わりにStartとEndを使用できます。

○ Alignment

ColumnのhorizontalAlignmentは、横方向のコンポーザブルの位置揃えを指定します。コードでは❶のように記述します。

```
Alignmentを指定する例
@Composable
fun AlignmentSample1() {
    Column(
        horizontalAlignment = Alignment.Start ──❶
    ) {
        Image(
            painter = painterResource(id = R.drawable.dog),
            modifier = Modifier.size(70.dp),
            （省略）
        )
        Image(
            painter = painterResource(id = R.drawable.cat),
            modifier = Modifier.size(100.dp),
            （省略）
        )
        Image(
            painter = painterResource(id = R.drawable.bird),
            modifier = Modifier.size(130.dp),
            （省略）
        )
    }
}
```

表2.5にhorizontalAlignmentの値とコンポーザブルの配置の関係を示し、図2.37に表示結果を示します。

StartとEndの左右はRTL環境では反対になります。言語環境に依存せず常に左や右に寄せて並べたい場合は、AbsoluteAlignment.LeftやAbsolute

表2.5 Alignmentと配置の関係

Alignment	配置
Start	左寄せで並べる
CenterHorizontally	中央寄せで並べる
End	右寄せで並べる

図2.37 Alignmentによる配置の表示結果

Start　　　　　Center　　　　　End
　　　　　　Horizontally

図2.38 alignで個別に位置を指定

Alignment.Rightを使用します。

また、RowのverticalAlignmentに指定できるのは、Top、CenterVertically、Bottomの3種類です。

Alignmentは、Modifier.alignを利用して個別の子コンポーネントに指定することもできます。次の例は、❶でColumnにAlignment.Startを指定しているので全体としては左寄せですが、❷で一番上のコンポーザブルにAlignment.Endを指定しているので、このコンポーザブルだけ右寄せで表示されます。結果は図2.38のとおりです。

```
Modifier.alignの利用例
@Composable
fun AlignmentSample2() {
    Column(
        horizontalAlignment = Alignment.Start ―❶
    ) {
        Image(
            painter = painterResource(id = R.drawable.dog),
            modifier = Modifier.size(70.dp).align(Alignment.End), ―❷
            (省略)
        )
        Image(
            painter = painterResource(id = R.drawable.cat),
            modifier = Modifier.size(100.dp),
            (省略)
        )
        Image(
```

2.5 簡単なレイアウト

```
            painter = painterResource(id = R.drawable.bird),
            modifier = Modifier.size(130.dp),
            （省略）
        )
    }
}
```

レイアウトをネストする

レイアウトはネストできます。Column、Row、Boxを組み合わせてネストすることによって、複雑なレイアウトを実現できます。

次のコードは、Columnの中にRowをネストしています。実行結果は**図2.39**のようになります。

```
@Composable
fun NestedLayoutSample() {
    Column(
        horizontalAlignment = Alignment.CenterHorizontally
    ) {
        Row(
            horizontalArrangement = Arrangement.spacedBy(10.dp)
        ) {
            Image(
                painter = painterResource(id = R.drawable.dog),
                modifier = Modifier.size(100.dp),
                （省略）
            )
            Image(
                painter = painterResource(id = R.drawable.cat),
                modifier = Modifier.size(100.dp),
                （省略）
            )
            Image(
                painter = painterResource(id = R.drawable.bird),
                modifier = Modifier.size(100.dp),
                （省略）
            )
        }
        Text("There are three animal pictures")
    }
}
```

図2.39 ネストしたレイアウト

2.6 動的な表示の変更

アプリを開発するには、ユーザー操作などのイベントに反応して表示を動的に変更する必要があります。これまでにいろいろなレイアウトの実現方法を説明してきましたが、説明した内容は全て静的なコンテンツの表示方法でした。本節では、クリックイベントによる表示の更新、文字入力欄、スクロールを例に、Composeにおける動的なUIの作成方法を説明します。本節の内容を理解すれば、インタラクティブなUIを作成できるようになります。

クリックにより表示を変更する

最初の例は、数字をクリックするたびにカウントアップする簡単なカウンターです。

```
@Composable
fun CounterSample() {
    var count by remember { mutableIntStateOf(0) }
    Text(
        text = "$count",
        modifier = Modifier.clickable { count++ }
    )
}
```

このコードを実行すると、最初は「0」という数字が表示されます。そして、数字をクリックするたびに数字が1ずつ大きくなっていきます。countに数値を保持してTextに表示し、クリックイベントのコールバックでcountを更新

しています。

注目してほしいのは、by remember { mutableIntStateOf(0) }という記述です。この記述が、Composeで動的に表示を更新するためのポイントなので、次項で詳しく説明します。

宣言的UIにおける表示更新の仕組みを理解する

Composeで表示内容を更新するには、コンポーザブル関数の入力を変化させます。コンポーザブル関数の入力とは、引数です。コンポーザブル関数の引数の値を変更することによって、表示内容を変更します。上記のカウンターの例では、Textコンポーザブルのtext引数に渡す値を変更することによって、表示を更新しています。

ここで思い出してほしいのは、コンポーザブル関数は値を返さないということです。命令的UIのフレームワークであれば、UIコンポーネントを作成する関数はUIコンポーネントのオブジェクトを返します。しかしコンポーザブル関数はそのようなオブジェクトを返しません。

アプリ開発者はコンポーザブル関数を呼び出すことによってUIを作成できますが、UIコンポーネントのオブジェクトにはアクセスできないため、UIコンポーネント自体の状態を変更することはできないのです。そのため、コンポーザブル関数の引数を変化させることが、表示内容を動的に変更する唯一の方法となります。

ここで疑問が2つ生じます。

・どうやってコンポーザブル関数の引数を変更するのか
・どうやってコンポーザブル関数を再呼び出しするのか

最初の疑問は、コンポーザブル関数の引数の変更方法です。引数の値を変更するには、変数とコールバック関数を利用します。変化させたい状態を変数として定義し、その変数をコンポーザブル関数の引数にします。そして、ユーザー操作などのイベント発生時に呼び出されるコールバック関数内でその変数を更新します。

カウンターの例では、countという変数を定義しています。Textコンポーザブルの引数には、countを含む文字列を指定しています。そして、クリック時に呼び出されるコールバック関数内でcountを変更しています。

次の疑問は、コンポーザブル関数の再呼び出しです。関数の引数に渡す変

数の値を変更しても、その関数を再度呼び出さなければ、変更は反映されないはずです。しかし先ほどの例を見ると、コールバック内でcountの値は変更していますが、Textを再度呼び出す処理は書かれていません。ではなぜ、表示が更新されるのでしょうか。

宣言的UIでは、状態の変更を検出して表示を更新するのは、フレームワークの役割です。アプリ開発者は状態を変更しさえすればよく、UIそのものを更新する必要はありません。Composeフレームワークにおいては、コンポーザブル関数の引数が変化すると、Composeフレームワークがそれを検出し、コンポーザブルを再構築します。

カウンターの例では、countの値が変更されると、Composeフレームワークがその変更を検出し、Textコンポーザブルを再実行します。このように、状態変化に伴ってコンポーザブル関数を再実行することを、**再コンポーズ**と呼びます（再コンポジション、リコンポジションなどとも呼ばれます。英語ではrecompose、recomposition）。

○ Stateで変更を監視

ここで改めてcountの定義を見てください。

```
var count by remember { mutableIntStateOf(0) }
```

countは単純なInt型ではなく、rememberとmutableIntStateOfというAPIを利用して初期化されています。これらはComposeがUIを動的に変更するための重要な仕組みです。まずはmutableIntStateOfの方から説明します。

先ほど、引数が変化すると再コンポーズが発生すると説明しましたが、Composeフレームワークはどのようにして引数の変化を検知するのでしょうか。

状態変化を検知するためにComposeフレームワークが用意している仕組みがStateです。Stateは数値や文字列などをラップし、ラップした値の変化をフレームワークが監視します。ユーザーの操作などによりStateの値が変化すると、フレームワークはその変化を検知し、再コンポーズを実行します（**図2.40**）。

変数の値が変化したときに表示を更新したい場合は、その変数をStateで定義します。Stateにはいくつか種類があり、プログラム中で値を直接変更する場合はMutableStateを使います。また、IntやFloatなどのリテラルを扱う場合はMutableIntStateやMutableFloatStateを使います（MutableState

図2.40 Stateの監視と表示更新

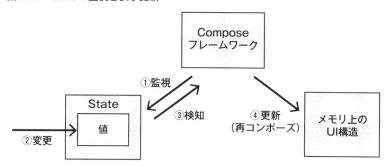

も使えますが、専用の型を使う方がパフォーマンスが良いです）。

オブジェクトの作成時は、コンストラクタを直接呼び出すのではなく、mutableStateOf、mutableIntStateOf、mutableFloatStateOfなどの関数を使い、初期値を指定します。countの例では、初期値0のMutableIntStateを作成しています。

○ rememberで変数を保持

rememberは、再コンポーズ時にオブジェクトをキャッシュして覚えておくための仕組みです。

再びカウンターの例を用いて、Stateの変化と再コンポーズの処理の流れを確認しましょう。

```
@Composable
fun CounterSample() {
    var count by remember { mutableIntStateOf(0) }
    Text(
        text = "$count",
        modifier = Modifier.clickable { count++ }
    )
}
```

❶ countは値0で初期化されたStateオブジェクトです。
❷ 文字列をクリックすると、コールバックでcountの値が1に変更されます。
❸ countはStateなので、変更をComposeライブラリが検知し、CounterSampleが再実行（再コンポーズ）されます。
❹ countの値が1の状態でTextを呼び出すので、表示が1に更新されます。

ここで注目したいのは、ステップ❹でcountの値が1になっていることで

す。もしcountが単純なローカル変数だとしたら、ステップ❷で値を1に変更しても、再実行時には再び0で初期化されてしまい、表示は更新されないはずです。ステップ❷で変更した状態がステップ❹で保持されているのは、rememberがStateオブジェクトを記憶しているからです。

rememberを用いると、初回実行時はラムダ内の処理を実行して結果をメモリ上に保存し、2回目以降は前回保存した結果を取り出します。countの例では、ステップ❶ではmutableIntStateOfで0に初期化したStateオブジェクトを作成し、オブジェクトをメモリ上に保持します。ステップ❷でメモリ上のStateの値が1に変更されます。そしてステップ❹ではメモリ上からStateを取り出すので、値は1が取得されます。このように、rememberを使うと、**再コンポーズを超えて値を保持する**ことができます。

なお、rememberの前にbyと書かれていますが、これはKotlinの「委譲」という機能を利用するためのキーワードです。委譲については第3章で説明します。また、Stateやrememberは Composeの重要な概念なので、第5章でより詳細に説明します。

ここまでの内容を一旦まとめます。Composeでは下記の仕組みで表示の動的変更を実現しています。

・変数をStateで定義し、rememberで保持する
・変数をコンポーザブル関数の引数に渡す
・イベント発生時のコールバックでStateを変更する
・ライブラリがStateの変更を検知し、再コンポーズを実行して表示が更新される

テキストフィールドを作る

表示の動的変更の仕組みを理解できたところで、もう一つ例を示します。次のコードは、テキストフィールドの実装例です。

TextFieldの利用例

```
@Composable
fun TextFieldSample() {
    var text by remember { mutableStateOf("") }
    TextField(value = text, onValueChange = { text = it })
}
```

実行すると、初期状態では何も入力されていないテキストフィールドが表示され、文字を入力すると入力した文字が表示されます（**図2.41**）。

TextFieldSampleの表示更新は以下のステップで実行されます。

図2.41　テキストフィールドの実行結果

❶textは空文字("")で初期化しているのでString型の値を保持するStateになります。
❷TextFieldのvalueにtextを渡しているので、空のテキストフィールドが表示されます。
❸テキストフィールドに文字を入力すると、onValueChangeコールバックが呼ばれ、入力文字列でtextを更新します。
❹Stateの変更をComposeが検知し、TextFieldSampleが再コンポーズされます。
❺新たなtextの値でTextFieldが再構築され、ステップ❸で入力した文字列がテキストフィールドに表示されます。

　このように、表示内容を指定する引数にStateの値をセットし、コールバックでそのStateの値を変更するというパターンは、Composeではよく使われます。

スクロール可能にする

　次のコードは、コンテンツをスクロール可能にする例です。3枚の画像を表示しますが、画面内に収まらないので、縦にスクロール可能にしています。

Modifier.verticalScrollの利用例
```
@Composable
fun ScrollSample() {
```

第2章 宣言的UIとComposeの基本
基本的なUIの作り方を学び、宣言的UIの考え方に慣れよう

```
    val scrollState = rememberScrollState() ――❶
    Column(
        modifier = Modifier.verticalScroll(state = scrollState) ――❷
    ) {
        Image(
            painter = painterResource(id = R.drawable.dog),
            modifier = Modifier.fillMaxWidth().aspectRatio(1f),
            (省略)
        )
        Image(
            painter = painterResource(id = R.drawable.cat),
            modifier = Modifier.fillMaxWidth().aspectRatio(1f),
            (省略)
        )
        Image(
            painter = painterResource(id = R.drawable.bird),
            modifier = Modifier.fillMaxWidth().aspectRatio(1f),
            (省略)
        )
    }
}
```

❶では、スクロール状態を管理するScrollStateオブジェクトを、rememberScrollStateで取得しています。❷でColumnに対してModifier.verticalScrollを設定し、❶で取得した状態管理オブジェクトを渡すことによって、Columnのコンテンツを縦スクロール可能にしています。結果を**図2.42**に示します。

図2.42 スクロール可能なColumn

2.6 動的な表示の変更

○ 状態管理オブジェクトの利用

　コンテンツのスクロールも、ユーザーのスクロール操作に反応して表示内容が変化するので、動的な表示の変更の一種と考えられます。スクロールの仕組みの基本的な考え方は以下のとおりです。

- コンテンツの表示位置を表す変数をStateで定義し、rememberで保持する
- スクロールジェスチャーが発生したら、そのコールバック関数内で表示位置の変数を更新する
- Stateの変化をフレームワークが検出し、新しい表示位置で再描画する

　単純に考えると、前項のカウンターの例と同じように実装できそうです。しかし、前項のカウンターの例で紹介した数値の変更とは以下の点で状況が異なります。

- 実装時に考慮すべきパラメータが多い
- アプリ開発者は個々のパラメータには興味がない（場合が多い）

　コンテンツのスクロールを実現するには、コンテンツの表示位置を表す変数以外に、コンテンツのサイズ、表示領域のサイズ、スクロールジェスチャーの状態など、多くのパラメータを扱う必要があります。そして、それらの状態は、再コンポーズを超えて保持する必要があります。一方で、多くの場合、アプリの開発者は単にスクロールを実現したいだけであって、詳細な個々のパラメータには興味がありません。そこで、スクロール状態をまとめる1つのオブジェクトを用意し、個々のパラメータはその中にカプセル化します。

　rememberScrollStateは、スクロール状態をカプセル化したScrollStateオブジェクトを取得し、同時にrememberによるメモリ上への保存を行うAPIです。このAPIによって、アプリ開発者はスクロールの詳細な実装に関与することなく、簡潔なコードでスクロールを実現できます。

　Composeには、このように状態管理オブジェクトの取得とメモリ上への保存を同時に行うAPIがいろいろ用意されています。これらはremember～Stateという名前がつけられています。

2.7 UIの階層化と構造化

本章ではここまで、コンポーザブルに情報を表示し、レイアウトを調整し、動的に表示を変更する方法を説明してきました。これまでに説明した内容を組み合わせればいろいろなUIを構築できますが、UIの複雑さに比例してコードも複雑になっていきます。

宣言的UIは、コードをシンプルに保つための階層化が容易であるという特長を持っています。本節では複雑なUIをシンプルなコードで記述するための階層化と構造化に取り組みます。

まずは**図2.43**を見てください。これまでに掲載したサンプルと比べるとやや複雑なUIです。画面上部にメッセージが表示されており、その下に画像と説明が並んでいます。

次のコードは、**図2.43**のUIを、AnimalSelectionというコンポーザブル関数に愚直に書き下したものです。UIを構成する要素が増えたことに伴って関数がこれまでより長くなっていて、改善の余地がありそうです。

```
@Composable
fun AnimalSelection() {
    Column {
        Text(
            text = "Select an image.",
            style = MaterialTheme.typography.titleMedium,
            textAlign = TextAlign.Center,
            modifier = Modifier.fillMaxWidth().padding(20.dp)
        )
        Row(
            horizontalArrangement = Arrangement.SpaceEvenly,
            modifier = Modifier.fillMaxWidth()
        ) {
            Column(
                horizontalAlignment = Alignment.CenterHorizontally,
                modifier = Modifier.width(80.dp)
            ) {
                Image(
                    painter = painterResource(id = R.drawable.dog),
                    contentDescription = null
                )
                Text("Dog")
            }
```

```
            Column(
                horizontalAlignment = Alignment.CenterHorizontally,
                modifier = Modifier.width(80.dp)
            ) {
                Image(
                    painter = painterResource(id = R.drawable.cat),
                    contentDescription = null
                )
                Text("Cat")
            }
            Column(
                horizontalAlignment = Alignment.CenterHorizontally,
                modifier = Modifier.width(80.dp)
            ) {
                Image(
                    painter = painterResource(id = R.drawable.bird),
                    contentDescription = null
                )
                Text("Bird")
            }
        }
    }
}
```

図2.43　やや複雑なUI

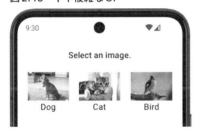

コンポーザブル関数を階層化する

　長すぎる関数を分割して短くすることは、ソースコードの可読性を確保するための一般的な手法です。コンポーザブル関数も、UIを階層化することによって分割できます。

　今回作成するUIは、**図2.44**のような階層構造を持っていると考えることができます。再上位階層はAnimalSelectionです。AnimalSelectionは、ユーザーへのメッセージを表示するMessageと、動物の選択肢を表示する

図2.44 UIの階層構造

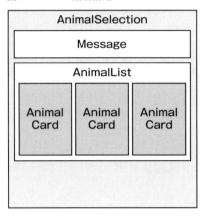

AnimalListで構成されます。AnimalListはさらに、3つのAnimalCardから構成されています。

まずはAnimalSelectionをこの階層構造に従って分割します。

```
@Composable
fun AnimalSelection() {
    Column {
        Message()
        AnimalList()
    }
}
```

AnimalSelectionの下にMessageとAnimalListがあることが一目瞭然になりました。

Messageには、元々AnimalSelectionに書かれていたTextコンポーザブルをそのまま書きます。これより下の階層はないので一旦これで完了です。

```
@Composable
fun Message() {
    Text(
        text = "Select an image.",
        style = MaterialTheme.typography.titleMedium,
        textAlign = TextAlign.Center,
        modifier = Modifier.fillMaxWidth().padding(20.dp)
    )
}
```

AnimalListは、さらに下の階層としてAnimalCardを3つ持ちます。3つのAnimalCardは、表示する画像と文字列が異なりますが、UIとしては同じ構造

を持ちます。したがって、画像のリソースIDと表示する文字列を引数として渡すようにすれば、コンポーザブル関数として共通化できます。AnimalListとAnimalCardのコードは下記のようになります。

```kotlin
@Composable
fun AnimalList() {
    Row(
        horizontalArrangement = Arrangement.SpaceEvenly,
        modifier = Modifier.fillMaxWidth()
    ) {
        AnimalCard(
            resourceId = R.drawable.dog,
            text = "Dog"
        )
        AnimalCard(
            resourceId = R.drawable.cat,
            text = "Cat"
        )
        AnimalCard(
            resourceId = R.drawable.bird,
            text = "Bird"
        )
    }
}


@Composable
fun AnimalCard(@DrawableRes resourceId: Int, text: String) {
    Column(
        horizontalAlignment = Alignment.CenterHorizontally,
        modifier = Modifier.width(80.dp)
    ) {
        Image(
            painter = painterResource(id = resourceId),
            contentDescription = null
        )
        Text(text = text)
    }
}
```

これで、AnimalListが3つのAnimalCardを持っていること、AnimalListがImageとTextから構成されることが分かりやすくなりました。それぞれの関数も短くなり、可読性が改善しました。

関数によりUIを定義するメリット

先ほど確認したように、ComposeはUIコンポーネントの分割が容易です。これは、ComposeがUIコンポーネントを関数で定義しているためです。関数なので、長いコードの一部分を別の関数に切り出したり、同じ処理をしている部分を1つの関数で共通化したりすることが簡単にできます。外部からパラメータを与えることも、引数を定義するだけで実現できます。さらにそのUIコンポーネントを利用する側も、関数を呼び出すだけなのでシンプルに記述できます。

もしUIコンポーネントごとにクラスを定義する必要があるとしたら、コンストラクタを定義したり、パラメータを保持するための変数を定義したりといったコードが必要になるでしょう。そのUIコンポーネントを利用する側では、まずコンストラクタを呼び出してオブジェクトを作成し、そのオブジェクトを配置するといった処理が必要になるでしょう。

このように、関数によりUIコンポーネントを定義するComposeの仕組みは、Composeのコードの可読性を高く保つことに大きく貢献しています。

UIの構造化 —— 繰り返し

コンポーザブル関数の内部では、通常のKotlinの関数と同じようにforやwhileなどのループを記述したり、forEachなどイテレーターの関数を利用したりできます。

先ほどの例では、AnimalCardが3つ並んでいました。このように同じUIコンポーネントを複数並べるというのは、よくあるUIの構造です。このような場合に同じコードを何度も書くのはコードの可読性や保守性の観点で望ましくありません。データをリストで定義し、個々のデータに対する処理をforで書くように変更します。

まずは動物のデータを保持するAnimalクラスを下記のように定義します。

```
data class Animal(
    @DrawableRes val resourceId: Int,
    val text: String
)
```

AnimalListとAnimalCardは下記のようになります。

```
@Composable
fun AnimalList() {
    val animals = listOf(
        Animal(R.drawable.dog, "Dog"),
        Animal(R.drawable.cat, "Cat"),
        Animal(R.drawable.bird, "Bird")
    )
    Row(
        horizontalArrangement = Arrangement.SpaceEvenly,
        modifier = Modifier.fillMaxWidth()
    ) {
        for (animal in animals) {
            AnimalCard(animal = animal)
        }
    }
}

@Composable
fun AnimalCard(animal: Animal) {
    Column(
        horizontalAlignment = Alignment.CenterHorizontally,
        modifier = Modifier.width(80.dp)
    ) {
        Image(
            painter = painterResource(id = animal.resourceId),
            contentDescription = null
        )
        Text(text = animal.text)
    }
}
```

Animalのリストに対してforで個々の要素を取得し、AnimalCardに渡しています。

これで、AnimalCardの呼び出しを1か所にまとめることができました。AnimalCardに変更があった場合に、1か所修正するだけで済むので、保守性が高まります。

データを下位階層に渡す

宣言的UIでは、表示に必要なデータはUI階層の上から下へと流れていきます。Composeにおいては、UI階層間のデータの受け渡しは、関数の引数で行います。先ほどの例では、上位階層のAnimalListで定義した動物のデータを、下位階層のAnimalCardにanimal引数で渡していました。

しかしAnimalListにはさらに上位の階層があります。動物のデータの定義は、AnimalListの上位階層から渡すようにする方が望ましいです。なぜなら、実際のアプリでは、データはUIの外部からやってくるからです。実際のアプリでは、表示すべきデータは端末のストレージに保存されているかもしれません。あるいはネットワーク経由で取得したデータかもしれません。外部から入手したデータは、UIの最上位階層で受け取り、そこから実際にデータを必要とする階層まで下ろしていきます。

今回の例では、最上位階層の AnimalSelection の引数で動物のデータを受け取ることにします。AnimalSelection と AnimalList のコードは下記のようになります。

```
@Composable
fun AnimalSelection(animals: List<Animal>) {
    Column {
        Message()
        AnimalList(animals = animals)
    }
}


@Composable
fun AnimalList(animals: List<Animal>) {
    Row(
        horizontalArrangement = Arrangement.SpaceEvenly,
        modifier = Modifier.fillMaxWidth()
    ) {
        for (animal in animals) {
            AnimalCard(animal = animal)
        }
    }
}
```

データの作成は、AnimalSelectionの呼び出し側で行います。

```
val animals = listOf(
    Animal(R.drawable.dog, "Dog"),
    Animal(R.drawable.cat, "Cat"),
    Animal(R.drawable.bird, "Bird")
)
AnimalSelection(animals = animals)
```

このように実装することによって、データが**図2.45**のように上から下へ流れていきます。

2.7 UIの階層化と構造化

図2.45 データの流れ

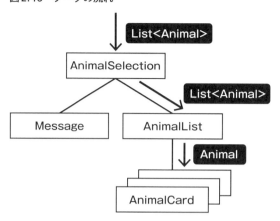

イベントを上位階層に返す

次は、`AnimalCard`をクリックして選択し、選択結果を`Message`に表示する方法を考えます。

クリックイベントは前節で説明したように、`Modifier.clickable`で取得できます。前節の例と異なるのは、クリックイベントを受け取るコンポーザブル関数と、その結果を利用するコンポーザブル関数が別の階層にあることです。クリックイベントを受け取る`AnimalCard`から、結果を利用する`Message`まで、UI階層を遡ってイベントを伝える必要があります。

イベントを異なる階層に伝えるには、共通の親階層に状態を定義します。下位階層で受け取ったイベントを、親階層まで階層を遡って伝えて、状態を更新します。親階層の状態が変わったら再コンポーズが発生するので、その状態を利用している下位階層に新しい状態が伝わります。

今回のイベントの伝え方を図2.46に示します。共通の親階層である`AnimalSelection`に、`selectedAnimal`という`State`を定義します。`AnimalCard`でイベントを受け取り、どの動物を選択したかの情報を`AnimalList`を経て`AnimalSelection`まで伝えます。そして`AnimalSelection`で`selectedAnimal`を変更します。`selectedAnimal`が変更されると、再コンポーズが発生し、新しい`selectedAnimal`の値で`Message`の表示が更新されます。

`AnimalCard`のコードは下記のとおりです。`clickable`のコールバックで、`AnimalCard`の引数の`onClick`を呼び出し、`animal`を渡しています。

図2.46 イベントの伝え方

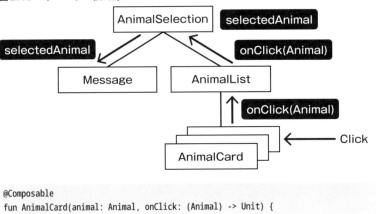

```
@Composable
fun AnimalCard(animal: Animal, onClick: (Animal) -> Unit) {
    Column(
        (省略)
        modifier = Modifier
            .width(80.dp)
            .clickable { onClick(animal) }
    ) {
        (省略)
    }
}
```

AnimalListのコードは下記のとおりです。AnimalCardのコールバックをそのまま上位階層に渡しています。

```
@Composable
fun AnimalList(animals: List<Animal>, onAnimalClick: (Animal) -> Unit) {
    Row( (省略) ) {
        for (animal in animals) {
            AnimalCard(
                animal = animal,
                onClick = onAnimalClick
            )
        }
    }
}
```

AnimalSelectionのコードは下記のとおりです。selectedAnimalは初期状態はnullで、AnimalListのonAnimalClickコールバックが呼ばれると、クリックされた動物のデータに更新されます。Messageの引数にselectedAnimalを渡しているので、selectedAnimalが更新されて再コンポーズが実行されると、Messageの表示も更新されます。

2.7　UIの階層化と構造化

```
@Composable
fun AnimalSelection(animals: List<Animal>) {
    var selectedAnimal by remember { mutableStateOf<Animal?>(null) }
    Column {
        Message(selectedAnimal = selectedAnimal)
        AnimalList(
            animals = animals,
            onAnimalClick = { selectedAnimal = it }
        )
    }
}
```

　これで、AnimalCardで発生したイベントをMessageに伝えることができました。Messageの中身は次項で説明します。

UIの構造化 —— 条件分岐

　Messageは元々、"Select an image"という文字列を表示しているだけでしたが、動物の選択結果を表示するように変更します。動物が選択されたら、**図 2.47**のように結果を示す文字列を追加で表示します。

　コンポーザブル関数では、条件によって表示内容を変更するために、ifや whenなどの制御構文が使えます。Messageでは引数のselectedAnimalがnull 以外なら、選択結果を表示します。コードは下記のとおりです。

```
@Composable
fun Message(selectedAnimal: Animal?) {
    Column {
        Text(
            text = "Select an image.",
            （省略）
        )
        if (selectedAnimal != null) {
            Text(
                text = "${selectedAnimal.text} is selected.",
                style = MaterialTheme.typography.titleLarge,
                textAlign = TextAlign.Center,
                modifier = Modifier
                    .fillMaxWidth()
                    .padding(bottom = 20.dp)
            )
        }
    }
}
```

97

図2.47 動物の選択結果を表示

　Composeでは、実行されるコードのみがUI構造として構築されます。条件分岐により実行されない部分は、UI構造から存在自体が消えます。上記の例では、selectedAnimalがnullの場合は、結果を表示するTextはUI構造上に存在しません。selectedAnimalがnullでない値でMessageが再コンポーズされたときにはじめて、結果を表示するTextコンポーザブルがUI構造に追加されます。

modifier引数で汎用性を確保

　本節の最後に、階層化のために切り出したコンポーザブル関数を、汎用的に使えるUIコンポーネントにするために有効な方法を1つ紹介します。

　それは、コンポーザブル関数にmodifier引数を定義することです。関数呼び出し元から渡されたModifierオブジェクトは、関数内の最上位のコンポーザブル関数に渡します。こうすることによって、UIコンポーネントのサイズや配置などを、コンポーザブル関数の呼び出し元で自由に指定することが可

> **コラム　非表示状態のComposeとViewの違い**
>
> 　Composeでは表示されないUIコンポーネントは存在しない状態になります。これは、Viewでvisibilityプロパティを使って表示と非表示を切り替える方法とは対照的です。
>
> 　Viewのvisibilityは、UI構造には存在しているが表示しないという状態を作ります。visibilityにGONEを指定すると画面からは消えますが、ViewのインスタンスはUI構造の中に残ったままになります。

2.7 UIの階層化と構造化

能になります。

具体例を見ていきましょう。AnimalListとAnimalCardは以下のように定義されていました。❷で画像の幅は80dpに固定されていて、AnimalCardの呼び出し元❶から変更することはできませんでした。

```
@Composable
fun AnimalList(animals: List<Animal>, onAnimalClick: (Animal) -> Unit) {
    Row(（省略）) {
        for (animal in animals) {
            AnimalCard( ──❶
                animal = animal,
                onClick = onAnimalClick
            )
        }
    }
}

@Composable
fun AnimalCard(animal: Animal, onClick: (Animal) -> Unit) {
    Column(
        （省略）
        modifier = Modifier
            .width(80.dp) ──❷
            .clickable { onClick(animal) }
    ) {
        （省略）
    }
}
```

もし、図2.48のように画面の横幅いっぱいに隙間なく画像を並べるように変更したくなったら、どうすれば良いでしょうか。

コンポーザブルを同じ幅で並べるには、Rowのラムダ内でModifier.weightを使えば良さそうです。そこで、下記のようにコードを変更します。

図2.48 画像を画面いっぱいに隙間なく並べる

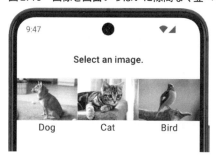

第2章 宣言的UIとComposeの基本

基本的なUIの作り方を学び、宣言的UIの考え方に慣れよう

```
@Composable
fun AnimalList(animals: List<Animal>, onAnimalClick: (Animal) -> Unit) {
    Row( (省略) ) {
        for (animal in animals) {
            AnimalCard(
                animal = animal,
                onClick = onAnimalClick,
                modifier = Modifier.weight(1f) ──❶
            )
        }
    }
}

@Composable
fun AnimalCard(
    animal: Animal,
    onClick: (Animal) -> Unit,
    modifier: Modifier = Modifier ──❷
) {
    Column(
        (省略)
        modifier = modifier ──❸
            .clickable { onClick(animal) }
    ) {
        (省略)
    }
}
```

AnimalCardにmodifier引数を定義し（❷）、受け取ったmodifierを関数内の最上位階層であるColumnのmodifier引数に渡します（❸）。AnimalCardの呼び出し元では、Modifier.weightをmodifier引数に渡しています（❶）。

modifierの先頭の文字に注意してください。引数のmodifierは先頭が小文字です。呼び出し元で渡したModifier.weightをColumnに渡すには、❸でModifierではなくmodifierを使う必要があります。

また、❷でmodifier引数のデフォルト値として空のModifierを指定しています。これによって、呼び出し元で特に指定する必要がない場合は、modifier引数を省略できます。

このようにAnimalCardにmodifier引数を設けることによって、AnimalListのRowのラムダ内でModifier.weightを使えるようになりました。これで、AnimalCardが同じ幅で画面いっぱいに並びます。他にも、AnimalCardを呼び出す側の都合によって、AnimalCardのサイズを変更したり、枠線や余白を追加したりといった変更が可能になります。

2.8 プレビューの活用

　以上のように、コンポーザブル関数に modifier 引数を定義することによっ
て、コンポーザブル関数を汎用的に使えるようになります。Compose ライブ
ラリが用意している UI コンポーネントの API には基本的に、modifier 引数が
定義されています。コンポーザブル関数を自作する場合にも、modifier 引数
をうまく活用して、再利用性の高いコンポーザブル関数を作るように心がけ
ましょう。

2.8　プレビューの活用

　プレビューは、コンポーザブル関数の実行結果を Android Studio のエディ
タ内で確認できるツールです。

　プレビューを使うと、アプリをビルドして実機やエミュレータで実行しな
くても、コンポーザブルの表示を確認できます。コンポーザブル関数のコー
ドを少し変更し、プレビューを確認し、またコードを変更する、というサイ
クルを素早く繰り返し、ある程度想定どおりの画面を作成できたら実際のア
プリ上で動かして確認するようにすれば、UI の開発速度を向上させることが
できます。

　このメリットは、アプリの規模が大きくなればなるほど効果を発揮します。
アプリの規模が大きくなると、アプリを実行して確認したい画面を表示する
までに多くの操作が必要になる場合があります。しかし、プレビューならコ
ンポーザブル関数の実行結果を直接確認できるので、ちょっとした修正のた
びにアプリ上で苦労して画面を表示する必要がなくなります。

　また、プレビューはコンポーザブル単位で使うことができます。そのため、
画面全体の確認だけでなく、小さな UI 部品単位での確認もできます。小さな
部品単位で確認を行うことによって、早い段階で問題を見つけて修正できる
ので、開発スピードの向上が期待できます。

プレビューを表示する

　ここでは、On と Off を切り替えるスイッチのコンポーザブル関数を作成し、
そのプレビューを表示してみます。スイッチのコンポーザブル関数のコード
は下記のとおりです。

第2章 宣言的UIとComposeの基本

基本的なUIの作り方を学び、宣言的UIの考え方に慣れよう

Switchの利用例

```
@Composable
fun OnOffSwitch(on: Boolean) {
    Row(verticalAlignment = Alignment.CenterVertically) {
        Text(
            text = "Off",
            style = MaterialTheme.typography.titleLarge
        )
        Switch(
            checked = on,
            onCheckedChange = {},
            modifier = Modifier.padding(horizontal = 4.dp)
        )
        Text(
            text = "On",
            style = MaterialTheme.typography.titleLarge
        )
    }
}
```

この OnOffSwitch のプレビューは下記のコードで表示できます。

Previewの利用例

```
@Preview(showBackground = true)  ──❶
@Composable
fun OnOffSwitchPreview() {
    OnOffSwitch(on = true)
}
```

確認対象の OnOffSwitch を呼び出す OnOffSwitchPreview というコンポーザブル関数を作成し、❶のように @Preview アノテーションを追加します。@Preview は引数なしでも動作しますが、showBackground = true を指定しておくと背景が白く塗りつぶされるので、結果を確認しやすくなります。これを指定していないと背景が透明になるので、Android Studio に黒背景のテーマを設定していると、黒い文字が見えなくなってしまいます。

Android Studio では図2.49のように表示されます。プレビューをコードの横に表示するには、コードのタブの右上の「Split」ボタンをクリックします。

この状態でも簡易的な表示結果確認には十分ですが、実際のアプリと同じ表示にするには、アプリのテーマを適用する必要があります。次のコードの❷のようにテーマのコンポーザブル関数でラップし、さらに❸のように Surface でラップすると、アプリのテーマが適用されます。今回の例ではスイッチの色や On、Off の文字列のフォントに影響が出ます。

図2.49 OnOffSwitchのプレビュー

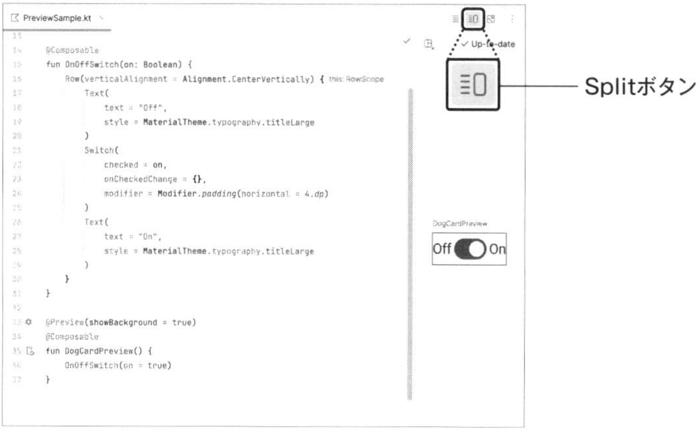

Splitボタン

```
@Preview
@Composable
fun OnOffSwitchPreviewWithTheme() {
    PreviewSamplesTheme { —❷
        Surface { —❸
            OnOffSwitch(on = true)
        }
    }
}
```

なお、Surfaceがテーマに応じた背景を描画するので、@PreviewのshowBackgroundの指定は不要になります。

2.9 まとめ

本章では、Composeの基本的なUIの作成方法を学び、宣言的UIの特徴が現れていることを確認しました。

・Jetpack Composeは、Android Jetpackというライブラリスイートを構成するライブラリの一つです。古いOSに対する後方互換性を確保しながら、短いサイクルで改善が続けられています。

・ComposeのUIは、コンポーザブル関数の組み合わせで実装します。UIを構築するコンポーザブル関数は値を返しませんが、メモリ上にUIの構造を構築します。

103

- 文字列や画像を表示する方法を学びました。コンポーザブル関数は、引数を利用してコンテンツの見え方を指定できます。

- Modifierを使ってコンポーザブルの見え方や振る舞いを指定できます。いろいろなメソッドを連結してModifierチェーンを構成することによって、自由度の高いカスタマイズが可能です。チェーンの順序が結果に影響を与えることも学びました。

- レイアウトは、Column、Row、Boxの組み合わせで実現します。コードの構造と表示されるUIの構造が一致していることを確認しました。

- 動的な表示の変更は、コンポーザブル関数の引数を変化させて実現します。フレームワークがStateの変化を監視し、再コンポーズを実行することによって表示の更新を実現します。再コンポーズを超えてStateを保持するために、rememberを使います。

- Composeは関数ベースなので、UIの階層化と構造化が容易です。繰り返しや条件分岐も通常の関数と同じように記述できます。コンポーザブル関数に表示するデータは、関数の引数を使って階層の上から下へ伝達します。イベントはコールバック関数を使って階層の下から上へ伝達します。

- プレビューを活用し、表示結果を効率的に確認できます。

第1部
Compose に親しむ

第3章

知っておきたい Kotlinの文法や用法

Kotlinの文法を正しく理解して
Composeの理解を深めよう

第3章 知っておきたいKotlinの文法や用法

Kotlinの文法を正しく理解してComposeの理解を深めよう

Composeは、Kotlinの現代的な言語機能の上に構築されたUIフレームワークです。Kotlinの文法を正しく理解することによって、Composeへの理解が一段と深まります。

本章では、Composeを使いこなすために知っておきたいKotlinの文法や用法を説明します。Kotlinの文法に不安がない場合は、本章を飛ばして次章に進んでいただいてもかまいません。また、先に次章以降を読み進めて、Kotlinの文法で悩んだら本章に戻ってくるという読み方も可能です。

3.1節では、アノテーションとは何かを説明し、@Composableアノテーションについて説明します。

3.2節では、関数の引数に関する便利な機能として、デフォルト引数と名前付き引数について説明します。

3.3節では、ラムダのいろいろな書き方を説明し、Composeのコードに登場する2種類のラムダについて紹介します。

3.4節では、拡張関数により既存のクラスに機能を追加する方法と、スコープにより機能を利用できる範囲を限定する方法を説明します。

3.5節では、委譲の概念と利用方法について説明します。

3.1 アノテーションによる機能定義

アノテーションは、クラスや関数などの前に@をつけて記述します。本書では既に@Composableや@Previewなどのアノテーションが登場しています。本節では、アノテーションとは何なのかを説明し、アノテーションをつけると何が起きるのかを@Composableを例に説明します。

アノテーションは、クラス、関数、型、プロパティ、変数など、Kotlinのコードを構成するさまざまな要素に付与できます。これらのアノテーションの付与対象を**ターゲット**と呼びます。

例えば、@NiceAnnotationと@GoodAnnotationという独自のアノテーションがあると仮定しましょう。下記のコードにおいて、@NiceAnnotationのターゲットはMyClassというクラスで、@GoodAnnotationのターゲットはsomeFunctionという関数です。

3.1 アノテーションによる機能定義

```
@NiceAnnotation
class MyClass {
    @GoodAnnotation
    fun someFunction() {〔省略〕}
}
```

　アノテーションは、ターゲットが特定の機能や性質を持つことを明示するものです。コードに付与されたアノテーションは、コンパイラやIDE[注1] などから参照され、場合によってはコードの追加や変更が行われ、目的の機能や動作を実現します。

　アノテーションは、開発者がコードの役割を理解する手助けにもなります。クラスや関数にアノテーションがついていることによって、そのコードが特定の役割を持っていることを素早く理解できます。

　Compose ライブラリには多くのアノテーションが定義されています。そのうち、本節では代表的なアノテーションとして@Composableについて説明します。また、@Immutableについては第7章で説明します。その他のアノテーションについて詳しく知りたい場合は、『Jetpack Compose Internals』[注2] が参考になります。

Composeの例 ── @Composable

　前章までに説明したとおり、@Composableを関数に付与することによって、ComposeのUIを定義するコンポーザブル関数を記述できます。@Composableアノテーションは、Composeコンパイラプラグインによって処理されます。

　コンポーザブル関数はそのままでは実行できないため、実行可能な形式に変換する必要があります。その過程で、UIの階層構造を解析し、メモリ上にその階層構造を構築し、状態が変化したときに再コンポーズを実行するためのコードを埋め込みます。このような処理は、通常のKotlinの関数では不要なコンポーザブル関数特有の処理なので、@Composableをつけて Compose コンパイラプラグインに処理を依頼する必要があるのです。

　そのほかに、コンポーザブル関数に関する制限事項のチェックも行われます。例えば、コンポーザブル関数はコンポーザブル関数から呼び出さなけれ

注1　Integrated Development Environment（統合開発環境）の略です。Android Studioのように開発に必要なツールをまとめて提供しているソフトウェアのことをIDEと呼びます。

注2　Jorge Castillo, Andrei Shikov, *Jetpack Compose Internals*, Leanpub, 2022

107

ばならない、などの制限事項が該当します。このようなルールに違反している場合は、エラーを提示します。

@Composableは、主に関数と型のアノテーションとして使われます。例えばSurfaceというMaterial 3のAPIの定義を見てみましょう。Surfaceは、任意のコンポーザブルの背景となるMaterial 3のコンポーザブル関数です。

```
@Composable —❶
fun Surface(
    modifier: Modifier = Modifier,
    shape: Shape = RectangleShape,
    color: Color = MaterialTheme.colorScheme.surface,
    contentColor: Color = contentColorFor(color),
    tonalElevation: Dp = 0.dp,
    shadowElevation: Dp = 0.dp,
    border: BorderStroke? = null,
    content: @Composable () -> Unit —❷
): Unit
```

❶ではSurface関数に@Composableアノテーションを付与し、Surfaceがコンポーザブル関数であることを宣言しています。

❷では、引数の型() -> Unitに対して@Composableアノテーションを付与しています。これは、content引数がコンポーザブル関数を受け取ることを意味しています。

以下のようにcontentにラムダを渡すと、コンパイラプラグインはこのラムダがコンポーザブル関数であると認識します。そのため、この例のTextのように、ラムダの中で別のコンポーザブル関数を呼び出すことができます。

```
Surface(
    content = {
        Text("This lambda is composable.")
    }
)
```

なお、通常はcontent =の表記は省略します。詳しくは3.3節で説明します。

3.2 デフォルト引数による汎用性と可読性の両立

Composeライブラリが提供しているコンポーザブル関数は引数が多いです。

3.2 デフォルト引数による汎用性と可読性の両立

これは、さまざまなパラメータを呼び出し側で設定できるようにして、UIコンポーネントとしての汎用性を高めているためです。

一般に関数の引数が多くなると、利用側のコードが冗長になったり、メンテナンス性が低下したりしますが、Kotlinには引数を扱いやすくする便利な機能があります。本節では、Kotlinの名前付き引数とデフォルト引数について説明し、コンポーザブル関数がどのように汎用性と可読性を両立しているかを見ていきます。

名前付き引数

Kotlinの関数を呼び出すときは、引数に名前をつけて呼び出せます。これを**名前付き引数**(Named arguments)と呼びます。

例えば下記のように引数a、b、cを持つ関数fooが定義されているとします。

```
fun foo(a: Int, b: Int, c: Int) {
    (省略)
}
```

呼び出し側では、❶のように引数に名前をつけて呼び出せます。

```
foo(a = 1, b = 2, c = 3) —❶

foo(1, b = 2, 3) —❷

foo(1, 2, 3) —❸

foo(b = 2, a = 1, c = 3) —❹
```

❷のように一部の引数だけ名前をつけて呼び出すことも、❸のように名前をつけずに呼び出すこともできます。ただし、以下の理由から、引数の数が多い場合は名前をつけて呼び出すことを推奨します。

・**可読性向上**
呼び出し側のコードを見るだけで引数の用途が明確になり、コードの可読性が増す

・**順序変更可能**
名前をつけずに引数の順序を入れ替えると、型が一致しない場合はエラーになり、型が一致する場合は値が入れ替わって意図せぬ結果になるが、名前付き引数であれば❹のように入れ替えて指定しても問題ない

109

○ Composeの例 —— AlertDialog

Composeのコードの例を見てみましょう。ダイアログを表示するAlertDialogコンポーザブルの定義を下記に示します。

```
AlertDialogコンポーザブルの定義
@Composable
fun AlertDialog(
    onDismissRequest: () -> Unit,
    confirmButton: @Composable () -> Unit,
    modifier: Modifier = Modifier,
    dismissButton: @Composable (() -> Unit)? = null,
    icon: @Composable (() -> Unit)? = null,
    title: @Composable (() -> Unit)? = null,
    text: @Composable (() -> Unit)? = null,
    shape: Shape = AlertDialogDefaults.shape,
    containerColor: Color = AlertDialogDefaults.containerColor,
    iconContentColor: Color = AlertDialogDefaults.iconContentColor,
    titleContentColor: Color = AlertDialogDefaults.titleContentColor,
    textContentColor: Color = AlertDialogDefaults.textContentColor,
    tonalElevation: Dp = AlertDialogDefaults.TonalElevation,
    properties: DialogProperties = DialogProperties()
)
```

AlertDialog関数には@Composable () -> Unit型の引数が5つ、Color型の引数が4つもあります。これはAlertDialogが汎用的に使えるAPIとして設計されているためです。ダイアログを構成するタイトルや本文、ボタンなどに個別にパラメータを指定できるので、さまざまな利用シーンに合わせて自由度高くカスタマイズできますが、その代償として引数の数が多くなっています。

図3.1は、AlertDialogを利用したダイアログの例です。

図3.1　ダイアログのサンプル

3.2 デフォルト引数による汎用性と可読性の両立

このダイアログを実現するコードを下記に示します。

```
AlertDialog(
    onDismissRequest = { （省略） },
    confirmButton = {
        TextButton(onClick = { （省略） } ) { Text("OK") }
    },
    dismissButton = {
        TextButton(onClick = { （省略） } ) { Text("Cancel") }
    },
    icon = {
        Icon(
            painter = painterResource(R.drawable.info),
            contentDescription = null
        )
    },
    title = { Text("Sample Dialog") },
    text = { Text("This is a compose sample dialog.") },
    containerColor = Color.White,
    iconContentColor = Color.LightGray,
    titleContentColor = Color.Black,
    textContentColor = Color.Gray
)
```

引数の多いAlertDialogですが、引数に名前をつけて呼び出すことによって、ダイアログのどの部分に何を設定しているかが分かりやすくなります。このように、名前付き引数は、コンポーザブル関数の汎用性と可読性の両立に役立っています。

デフォルト引数

Kotlinの関数の引数には、デフォルト値を定義できます。デフォルト値を定義した引数を、**デフォルト引数**（Default arguments）と呼びます。

デフォルト値は、引数名と型に続いて＝を使って定義します。次の例では、引数a、b、cのデフォルト値はそれぞれ1、2、3です。

```
fun foo(a: Int = 1, b: Int = 2, c: Int = 3) {
    println("a = $a, b = $b, c = $c")
}
```

デフォルト引数は、呼び出し側で省略できます。この性質から、デフォルト値が設定されている引数をオプション引数、デフォルト値が設定されていない引数を必須引数と呼ぶこともあります。オプション引数を省略すると、

111

第3章 知っておきたいKotlinの文法や用法
Kotlinの文法を正しく理解してComposeの理解を深めよう

デフォルト値が使われます。

```
foo() // a = 1, b = 2, c = 3 ──❶

foo(a = 10, b = 20) // a = 10, b = 20, c = 3 ──❷

foo(10, 20) // a = 10, b = 20, c = 3 ──❸

foo(10, c = 30) // a = 10, b = 2, c = 30 ──❹
```

❶では全ての引数を省略しているので、全ての引数でデフォルト値が使われます。

❷では、aとbは呼び出し側で指定した値が使われ、cは省略しているのでデフォルト値が使われます。

❸では、名前をつけずに2つの引数を渡しています。このように記述すると先頭から順にaとbに値が渡され、値が渡されなかったcはデフォルト値が使われます。省略した引数よりも後ろに定義されている引数に値を渡すには、❹のcのように名前をつけて呼び出す必要があります。❸や❹のような書き方は可読性を低下させる場合があるので、乱用すべきではありません。

○ Composeの例 ── OutlinedTextField

Composeにおけるデフォルト引数の使われ方を見てみましょう。Material 3のOutlinedTextFieldの定義を以下に示します。

```
OutlinedTextFieldの定義
@Composable
fun OutlinedTextField(
    value: String,
    onValueChange: (String) -> Unit,
    modifier: Modifier = Modifier,
    enabled: Boolean = true,
    readOnly: Boolean = false,
    textStyle: TextStyle = LocalTextStyle.current,
    label: (@Composable () -> Unit)? = null,
    placeholder: (@Composable () -> Unit)? = null,
    leadingIcon: (@Composable () -> Unit)? = null,
    trailingIcon: (@Composable () -> Unit)? = null,
    prefix: (@Composable () -> Unit)? = null,
    suffix: (@Composable () -> Unit)? = null,
    supportingText: (@Composable () -> Unit)? = null,
    isError: Boolean = false,
    visualTransformation: VisualTransformation = VisualTransformation.None,
    keyboardOptions: KeyboardOptions = KeyboardOptions.Default,
```

3.2 デフォルト引数による汎用性と可読性の両立

```
    keyboardActions: KeyboardActions = KeyboardActions.Default,
    singleLine: Boolean = false,
    maxLines: Int = if (singleLine) 1 else Int.MAX_VALUE,
    minLines: Int = 1,
    interactionSource: MutableInteractionSource? = null,
    shape: Shape = OutlinedTextFieldDefaults.shape,
    colors: TextFieldColors = OutlinedTextFieldDefaults.colors()
): Unit
```

　引数が23個もありますが、valueとonValueChange以外の引数には全てデフォルト値が定義されています。したがって、下記のように必須の2つの引数だけを指定して簡潔な記述でAPIを利用できます。省略した引数は、すべてデフォルト値が使用され、結果は**図3.2**のようになります。

```
OutlinedTextField(
    value = "TextField with default values",
    onValueChange = {}
)
```

図3.2　必須引数だけを指定したOutlinedTextField

```
TextField with default values
```

　カスタマイズしたい場合は、デフォルト値とは異なる値を指定したい引数だけを記述します。次の例では、labelとleadingIconという2つの引数を利用し、テキストフィールドの左上に表示されるラベルと、入力欄の左端に表示されるアイコンを指定しています。結果は**図3.3**のようになります。このように必要な引数だけを指定し、可読性を高く保てることが、デフォルト引数のメリットです。

```
OutlinedTextField(
    value = "Customized TextField",
    onValueChange = {},
    label = { Text("TextField") },
    leadingIcon = {
        Icon(
            painter = painterResource(R.drawable.build),
            contentDescription = null
        )
    }
)
```

図3.3　引数の指定を追加してカスタマイズしたOutlinedTextField

コラム　modifier引数の順序

「API Guidelines for @Composable components in Jetpack Compose」[注a]には、コンポーザブル関数を作るときに考慮すべきガイドラインがまとめられています。このガイドラインによると、コンポーザブル関数のmodifier引数は、オプション引数の先頭に定義すべきであると書かれています。

例としてMaterial 3のTextの定義を見てみましょう。確かに、唯一の必須引数のtextの次にmodifierが定義されています。

```
@Composable
fun Text(
    text: String,
    modifier: Modifier = Modifier,
    （省略）
): Unit
```

オプション引数の先頭にmodifierを定義すると、状況によらず引数名を省略してmodifierを指定できます（既に説明したように、オプション引数の2番め以降は、状況によっては引数名の指定が必須になります）。

コンポーザブル関数を呼び出すときは引数名を書くことが望ましいと前述しましたが、実際には、引数が少なくて自明な場合は省略されることも多いです。特にmodifier引数は頻繁に利用されるため、引数名を省略できると便利な場合があります。例えば以下のように、Textに文字列とModifierだけを指定する場合は、引数名がしばしば省略されます。

```
Text("Hello, Compose", Modifier.padding(4.dp))
```

このように記述できるのは、modifier引数がオプション引数の先頭に定義されているからです。もしmodifier引数よりも前に別のオプション引数が定義されていて、その引数を省略した場合、modifierの引数名を省略することはできなくなります。

ガイドラインにはこの他にもいろいろなルールが書かれています。ルールの背景を知ることによって、コンポーザブル関数に対する理解が深まるので、一読してみると良いでしょう。

注a　https://android.googlesource.com/platform/frameworks/support/+/androidx-main/compose/docs/compose-component-api-guidelines.md

3.3 ラムダのいろいろな書き方

デフォルト引数にはもう一つメリットがあります。それは、API開発者がデフォルト値を定義することによって、APIが想定する標準的な利用方法を示せることです。

OutlinedTextFieldなどのMaterial 3のAPIでは、デフォルト値にマテリアルデザインのガイドラインが反映されています。API利用時は、引数を省略すれば自動的にマテリアルデザインに沿った色や形が適用されるので、ガイドラインに沿った実装が容易になります。また、デフォルト値を確認することによって、マテリアルデザインのガイドラインを確認することもできます。

3.3 ラムダのいろいろな書き方

Composeではラムダが多用されます。ラムダはいろいろな場面で利用され、書き方のバリエーションも多いです。本節ではラムダの文法について確認し、Composeでラムダがどのように使われるかを見ていきます。

ラムダの定義方法

ラムダは無名の関数です。他の関数の引数として渡したり変数に代入したりするために、その場で定義して使います。

```
val lambda1: () -> Unit = { println("Lambda") } ─❶
```

```
val lambda2 = { println("Lambda") } ─❷
```

❶の右辺は、引数なし、戻り値なしのラムダです。最もシンプルなラムダは、処理を中括弧で囲むだけで記述できます。

ラムダは関数なので、ラムダを代入しているlambda1は関数型の変数です。関数型は(引数の型) -> 戻り値の型で表します。lambda1は引数なし、戻り値なしなので() -> Unitとなります。lambda1の型は右辺のラムダから推測できるので、❷のlambda2のように型を省略しても問題ありません。

このように定義したラムダは、別の変数に代入したり、普通の関数と同じように実行したりできます。

```
val lambdaX = lambda1 // 代入
lambdaX() // 実行
```

115

次は引数を受け取るラムダの書き方を見ていきましょう。

```kotlin
val lambda3 = { name: String -> println("My name is $name") } ❸

val lambda4: (String) -> Unit = { name -> println("My name is $name") } ❹

val lambda5: (String) -> Unit = { println("My name is $it") } ❺
```

❸の右辺はStringの引数を受け取るラムダです。引数を受け取るには、中括弧の先頭で変数と型を定義し、->の後にその変数を使った処理を記述します。

❹のようにラムダの型が明確になっている場合、ラムダ内に引数の型を書く必要はありません。

❺のようにラムダの型が明確で、かつ引数が1つの場合、引数を受け取る変数を定義する代わりに、itという特別な変数を使えます。

```kotlin
val lambda6 = { name: String, age: Int ->
    println("$name is $age years old")         ❻
}

val lambda7: (String, Int) -> Unit = { name, age ->
    println("$name is $age years old")         ❼
}
```

❻と❼の右辺はStringとIntの引数を受け取るラムダです。複数の引数を受け取る場合は、カンマ区切りで記述します。

```kotlin
val lambda8: (String) -> Unit = { println("args is not used") } ❽

val lambda9: (String, Int) -> Unit = { _, _ ->
    println("args is not used")               ❾
}

val lambda10: (String, Int) -> Unit = { name, _ ->
    println("arg1 is $name")                  ❿
}
```

❽のラムダはStringの引数を受け取りますが、ラムダ内で利用していません。受け取った引数を利用しない場合、引数が1個であれば、ラムダ内の引数の記述は省略できます。

一方、❾と❿のラムダは2個の引数を受け取ります。引数が2個以上ある場合は、使わない引数を _ で受け取る必要があります。

3.3　ラムダのいろいろな書き方

```
val lambda11: (Int, Int) -> Int = { x, y -> x + y } ——⓫

val lambda12: (Int, Int) -> Int = { x, y ->
    val sum = x + y
    sum / 2                                            ⓬
}
```

⓫と⓬の右辺はIntを返すラムダです。ラムダ内の最後の式の値が戻り値になります。⓫のラムダはx + yの値を返し、⓬のラムダはsum / 2の値を返します。

ラムダを関数の引数に渡す方法

Kotlinでは、関数を引数として受け取る関数を定義することができます。これは、関数実行時に特定のタイミングで呼び出すコールバックを実現したり、関数の動作を呼び出し側から変更できるようにしたりするために利用されます。

関数を引数で受け取るには、引数の型を関数型で定義します。次に示すprocessの引数innerProcessは、Intを受け取りUnitを返す関数型です。引数名valueは省略できますが、記述することによって引数の目的を明確にできます。

```
fun process(input: Int = 0, innerProcess: (value: Int) -> Unit) {（省略）}
```

関数型の引数には、もちろん、ラムダを渡すことができます。innerProcessはIntを受け取りUnitを返す関数型なので、呼び出し側では、同じ型のラムダを渡せます。呼び出し側の記述は下記のようになります。

```
process(
    input = 1,
    innerProcess = { value -> println("Inner process with $value") }   ❶
)

process(input = 1) { value ->
    println("Inner process with $value")                               ❷
}

process { value ->
    println("Inner process with $value")                               ❸
}
```

117

❶は最も素直な書き方です。各引数を名前付きで記述しています。ラムダの引数valueの型は関数定義側で定義されているので、呼び出し側の記述は不要です。

❷は❶と同じ処理の別の書き方です。Kotlinでは、末尾の引数がラムダの場合、そのラムダは関数の()の外に出すことができます。この書き方を**トレーリングラムダ**(Trailing lambda)と呼びます。

第1引数にデフォルト値を利用する場合、processの引数はラムダが1つだけになります。引数がラムダ1つだけの場合は、関数の()も省略して❸のように書きます。

Composeではトレーリングラムダを頻繁に使うので、書き方に慣れてください。

Composeにおける2種類のラムダ

Composeのコードに登場するラムダは、大きく2つに分類できます。

・**コンポーザブル関数のラムダ**
UIの階層構造を表現する

・**通常関数のラムダ**
ボタンクリックイベントのコールバックなど、コンポーズとは異なるタイミングで実行する処理を記述する

次のコードは、ボタンを押すと数字が大きくなるカウンターのコードです。この短いコードの中にも、複数のラムダが使われています。

```
@Composable
fun LambdaSample() {
    var count by remember { mutableIntStateOf(0) } ─❶
    Column {
        Text("Count = $count")
        IconButton(
            onClick = { count++ } ─❸      ❷
        ) {
            Icon( (省略) ) ─❹
        }
    }
}
```

❶は通常関数のラムダです。countの初期値を計算しています。初回コンポーズ時のみ実行するので、ラムダで記述して他の部分と区別しています。

❷と❹はコンポーザブル関数のラムダです。Columnの中にTextとIconButtonがあり、IconButtonの中にIconがあるというUIの階層構造を表現しています。前項で確認したように、末尾のラムダが()の外に出ている状態で記述しています。さらにColumnの引数はラムダだけなので、()も省略しています。

❸は通常関数のラムダです。ボタンクリックイベントを受け取ったときのコールバック処理を記述しています。

ここで注意すべきは、UIの状態変更は通常のラムダ内で行うということです。コンポーザブルのラムダは再コンポーズにより何度も実行されるので、その中でUIの状態を変更すると意図しない結果になります。

この例における状態はcountです。countは❶のラムダ内で初期化し、❸のラムダ内で変更しています。どちらも通常のラムダです。

通常のラムダとコンポーザブルのラムダは、慣れるまでは見分けがつきにくいかもしれません。迷ったら関数の定義を確認しましょう。次に示すのは、Material 3のIconButtonの定義です。

```
@Composable
fun IconButton(
    onClick: () -> Unit,
    （省略）
    content: @Composable () -> Unit
): Unit
```

onClickは引数なし、戻り値なしの関数型として定義されています。onClickに渡せるのは通常のラムダです。contentも引数なし、戻り値なしの関数型ですが、こちらは@Composableアノテーションがついています。contentに渡せるのは、コンポーザブル関数のラムダです。

3.4 拡張関数による機能追加

Kotlinには、既存のクラスやインターフェースに関数を追加する、**拡張関数**（Extension function）という仕組みがあります。クラスを継承したりインターフェースを実装したりしなくても、そのクラスやインターフェースに機能を追加できる強力な仕組みです。拡張関数を使うと、標準ライブラリのクラ

第3章 知っておきたいKotlinの文法や用法
Kotlinの文法を正しく理解してComposeの理解を深めよう

スに自分で関数を追加することも可能になります。

拡張関数の定義方法

拡張関数を定義するには、関数名の前に拡張したい型の名前を書き、ドット(.)で接続します。

例えば、文字列が空白ではない場合にその文字列の長さを出力する関数が必要だとします。これをStringの拡張関数として、以下のように記述できます。

```
fun String.printLengthIfNotBlank() {
    if (isNotBlank()) {
        println(length)
    }
}
```

関数名printLengthIfNotBlankの前に型の名前Stringを書き、ドットで接続しています。拡張関数内では、StringのisNotBlank関数やlengthプロパティにアクセスできます。

この関数を呼び出すときは、通常のStringの関数と同じように、オブジェクトとドットに続けて関数名を記述します。次のように文字列"Hello"に対してprintLengthIfNotBlankを呼び出すと、5が出力されます。

```
val hello = "Hello"
hello.printLengthIfNotBlank() // 5
```

レシーバオブジェクト

関数を呼び出すときに関数名の前に記述するオブジェクトを、**レシーバオブジェクト**(Receiver object)、または単に**レシーバ**と呼びます。先ほどの例では、レシーバオブジェクトはhello、レシーバの型はStringです。

拡張関数の中では、thisがレシーバオブジェクトを指します。先ほどのprintLengthIfNotBlankの例ではthisを省略していましたが、下記のようにthisを明示して書くこともできます。

```
fun String.printLengthIfNotBlank() {
    if (this.isNotBlank()) {
        println(this.length)
    }
}
```

クラス内拡張関数

あるクラス（またはインターフェース）の内部で別のクラスの拡張関数を定義することで、その拡張関数を参照できる範囲を限定できます。関数や変数を参照可能な範囲のことを**スコープ**と呼びます。

次の例は、PrintLengthScopeクラスの内部でStringの拡張関数を実装しています。

```
class PrintLengthScope() {
    fun String.printLength() {
        println(length)
    }

    fun checkLength(text: String) {
        text.printLength()
    }
}

val scope = PrintLengthScope()
scope.checkLength("Hello") // 5
```

このように書くと、printLengthは、PrintLengthScopeのスコープ内でしか呼び出せなくなります。言い換えると、PrintLengthScopeクラスは、printLength関数のスコープを提供していると言えます。

レシーバを受け取るラムダ

レシーバを受け取る関数もラムダで記述できます。Aをレシーバとして、引数Bを受け取り、Cを返す関数型は、A.(B) -> Cと表現します。この型で記述したラムダは厳密には拡張関数ではありませんが、型名とドットをつける記法が同じで、括弧内でレシーバオブジェクトをthisで参照できることも同じなので、ラムダ版の拡張関数と考えると分かりやすいです。

次に例を示します。

```
fun processText(text: String, printLength: String.() -> Unit) {
    text.printLength()
}
```

processTextの引数printLengthは、Stringをレシーバとして受け取ります。printLengthはStringの拡張関数と同じように扱えるので、textをレシ

ーバとしてprintLengthを呼び出せます。

processTextの呼び出し側は次のようになります。定義側でStringをレシーバに指定しているので、printLength引数に渡すラムダ内では、Stringのプロパティや関数を利用できます。

```
processText(text = "Hello") { println(length) }
```

このように、引数の関数型にレシーバが指定されていると、引数に渡すラムダ内ではそのレシーバの型に基づいた処理を記述できます。

Composeの例 —— RowScopeとModifier.weight

ComposeのAPIには、レシーバが指定された関数型の引数がしばしば登場します。例えば、Rowのcontent引数はRowScopeをレシーバとして受け取る関数型です。

```
inline fun Row(
    （省略）
    content: @Composable RowScope.() -> Unit
): Unit
```

contentがレシーバとしてRowScopeを指定している理由は、Rowの下の階層で利用できる機能を定義するためです。例えばModifier.weightは、RowScopeのクラス内拡張関数として定義されています。

```
interface RowScope {
    fun Modifier.weight( （省略） ): Modifier
}
```

このように定義すると、Modifier.weightを利用できるスコープがRowScopeに限定されます。RowScopeはRowのcontentのレシーバなので、Rowのcontentに渡すラムダの中でModifier.weightが利用できることになります。

第2章でModifier.weightはRowやColumnの下の階層のみで利用できることを説明しましたが、この制約は、クラス内拡張関数と、レシーバを受け取るラムダによって実現されていたというわけです。

3.5　委譲による実装の分離

委譲とは、あるオブジェクトの役割の一部を他のオブジェクトに任せ、実装を分離することです。Kotlinは言語レベルで委譲をサポートしており、byというキーワードを用いて委譲を記述できます。

本書では、前章で既に委譲を利用しています。2.6節のカウンターやテキストフィールドの例において、`by remember { mutableStateOf() }`という表現を利用しました。この`by`が委譲のキーワードです。

本節ではまず、Kotlinにおける委譲の記述方法を説明し、委譲を利用するメリットを説明します。その後、Composeで頻出するStateとの組み合わせについて解説します。

委譲プロパティの利用方法

Kotlinの委譲は大きく分けて2つの記述方法があります。

・**委譲**（**Delegation**）
　クラスの責務の一部を別のクラスに任せる

・**委譲プロパティ**（**Delegated property**）
　クラス内のプロパティや関数内の変数に、別クラスに実装した特定の機能を持たせる

Composeでは後者の委譲プロパティが頻繁に使われるので、本節では委譲プロパティについて説明します。

委譲プロパティは次のように記述します。なお、byに続く式から変数の型が推測できる場合は、変数の型は省略できます。

```
varまたはval <変数名>: <変数の型> by <委譲先を返す式>
```

具体例を見てみましょう。次のコードは、SomeClassのsomeValueプロパティの処理をOtherClassに委譲しています。

```
class SomeClass {
    var someValue: Int by OtherClass() ──❶

    fun twice() {
```

第3章 知っておきたいKotlinの文法や用法
Kotlinの文法を正しく理解してComposeの理解を深めよう

```
        val x = someValue ──❷
        someValue = x * 2 ──❸
    }
}
```

❶でbyを利用し、変数someValueの処理をOtherClassクラスに委譲しています。someValueを利用する側は通常のIntと同じように利用できますが、実際に値を保持するのはOtherClassの役割になります。OtherClassの実装イメージは後で紹介しますが、getValueとsetValueを利用してInt型の値を出し入れできるようになっています。

❷ではsomeValueの値を読み取っています。このとき、単純にsomeValueの値が読み取られるのではなく、OtherClassのgetValueが返す値が利用されます。

❸ではsomeValueに値を書き込んでいます。このときも単純にsomeValueに値を書き込むのではなく、OtherClassのsetValueに値を渡します。

委譲プロパティは、次のように関数内のローカル変数でも利用できます。「Delegated properties - Kotlin docs」注3ではLocal delegated propertyと呼ばれていますが、クラス内の委譲プロパティと使い方は同じなので、本書ではこれらを特に区別しません。

```
fun someFunction() {
    var someValue: Int by OtherClass()
}
```

委譲先クラスの実装イメージ

委譲先のOtherClassには例えば、ログを出力したり、値をキャッシュして再利用したり、値の変化を監視したりといった機能を実装することが考えられます。OtherClassの実装イメージを以下に示します。

```
class OtherClass {
    private var otherValue: Int = 0

    operator fun getValue(thisObj: Any?, property: KProperty<*>): Int {
        // 値を渡すときの処理をここに記述する
        return otherValue
    }
```

注3　https://kotlinlang.org/docs/delegated-properties.html

```
    operator fun setValue(thisObj: Any?, property: KProperty<*>, value: Int) {
        // 値を受け取るときの処理をここに記述する
        this.otherValue = value
    }
}
```

　getValueには委譲元に値を渡す処理を記述し、setValueには委譲元から値を受け取る処理を記述します。引数のthisObjとpropertyは、本書で扱う範囲では利用しないので、説明は割愛します。

　この例ではotherValueというプロパティに単純に値を受け渡しているだけですが、getValueとsetValueには任意の処理を追加できます。また、値を保持する方法も任意なので、さまざまな機能を持たせることができます。

　なお、委譲先のオブジェクト（この例ではOtherClass）がgetValueのみを持っていてsetValueを持っていない場合は、委譲元の変数（この例ではsomeValue）に対して値をsetできません。この場合は委譲元の変数をvarで定義することはできず、valで定義して読み取り専用の変数として利用することになります。

委譲プロパティのメリット

　委譲プロパティを利用するメリットは2つあります。

・**委譲元のクラスや関数の実装をシンプルにできる**
・**委譲先のクラスを再利用できる**

　先ほどの例では、SomeClass内ではsomeValueをシンプルなInt型として扱いつつ、someValueにアクセスするときの処理をOtherClassに実装することが可能になります。また、OtherClassに実装した処理は、SomeClass以外で再利用することができます。

　ただ、ComposeのUIの開発の範囲では、OtherClassのような委譲される側のクラスの実装が必要になるケースは少ないでしょう。

　一方、次に紹介するように、Composeのライブラリが提供しているクラスを委譲先として利用するケースはよくあるので、委譲プロパティの利用方法と、委譲によって何を実現しているかを理解するようにしましょう。

第3章 知っておきたいKotlinの文法や用法
Kotlinの文法を正しく理解してComposeの理解を深めよう

Composeの例 —— MutableState

2.6節で説明したテキストフィールドのサンプルコードを再掲します。❶で使われているbyが、委譲のキーワードです。

```
@Composable
fun TextFieldSample() {
    var text by remember { mutableStateOf("") } ─❶
    TextField(
        value = text, ─❷
        onValueChange = { text = it } ─❸
    )
}
```

byに続く式remember { mutableStateOf("") }の返す値が、textの委譲先です。rememberは、ラムダの結果またはキャッシュした値を返します。ラムダ内のmutableStateOfはMutableStateを返します。つまり、textはMutableStateの委譲プロパティということになります。

2.6節で説明したように、MutableStateに保持した値はComposeフレームワークによって監視され、値が変化すると再コンポーズが実行されます。textをMutableStateの委譲プロパティとして定義することで、textに値を書き込むとMutableStateの値を更新することになり、再コンポーズが実行されます。

❷でtextの値をTextFieldに設定しています。実際にはgetValue経由でMutableStateのvalueをTextFieldに渡していることになります。

❸で入力した値をtextに代入しています。実際にはsetValue経由でMutableStateのvalueに書き込んでいることになります。これがComposeフレームワークによって検出され、再コンポーズが実行されます。

なお、このコードは、委譲を使わずに下記のように書いても同じ動作になります。❹でbyを使わずにtextを定義しているため、textの型はMutableState<String>です。❺と❻ではMutableStateのvalueプロパティに対して値を読み書きしています。

```
@Composable
fun TextFieldSample() {
    var text = remember { mutableStateOf("") } ─❹
    TextField(
        value = text.value, ─❺
        onValueChange = { text.value = it } ─❻
    )
}
```

3.6 まとめ

本章では、Kotlin の便利な言語機能を学び、Compose での活用シーンを確認しました。

- アノテーションは、クラスや関数などのターゲットが特定の機能や性質を持つことをコンパイラや IDE に伝え、必要に応じてコードの追加や変更を行います。同時に、開発者がコードを理解するのを手助けします。

- 名前付き引数とデフォルト引数を利用すると、関数に多くの引数を定義して汎用性を確保しつつ、呼び出し側では必要な引数だけを指定して呼び出せるので可読性を確保できます。また、Material 3 の API では、デフォルト値がマテリアルデザインのガイドラインに沿った実装を提供しています。

- ラムダのいろいろな書き方を説明しました。関数末尾の引数のラムダを ( ) の外側に書き、引数がラムダ 1 つの場合は ( ) を省略するトレーリングラムダは Compose で頻出です。

- Compose でのラムダの使い分けを説明しました。コンポーザブル関数のラムダは UI の階層構造を表現し、通常のラムダはコンポーズとは異なるタイミングで実行する処理を記述します。

- 拡張関数を使うと、クラスを継承せずに機能を追加できます。クラス内に拡張関数を定義するとスコープを限定できます。また、レシーバを受け取るラムダも拡張関数と同じように扱うことができます。

- 変数を委譲プロパティとして定義すると、別クラスに実装した機能を持たせることができます。委譲プロパティの値を読み書きすると、委譲先クラスの getValue、setValue が呼ばれます。Compose では MutableState の委譲プロパティをよく利用します。

第 1 部

Composeに親しむ

第 4 章

Composeによる
さまざまなUIの実現方法

よく利用するUIの作り方を学び、
実践的なUIを作れるようになろう

第4章 ComposeによるさまざまなUIの実現方法

よく利用するUIの作り方を学び、実践的なUIを作れるようになろう

本章では、より実践的なUIのサンプルを題材として、アプリでよく利用するUIをComposeで作成する方法を紹介します。第2章で学んだComposeの基本と第3章で学んだKotlinの文法を活用して、いろいろなUIを作成しましょう。

4.1節でサンプルアプリを紹介し、4.2節から具体的にUIの作成方法を説明します。アニメーションや画面遷移、アクセシビリティについても扱います。

4.1 サンプルアプリの紹介

本章では、都道府県を紹介するアプリを題材としていろいろなUIの作成方法を説明します。アプリは3つの画面で構成され、それぞれの画面ではScaffoldというレイアウト用のコンポーザブルを利用します。Scaffoldは4.2節で説明します。

1つめの都道府県一覧画面を図4.1に示します。この画面を定義しているコンポーザブル関数は、PrefecturesScreenです。

この画面では47都道府県のリストを表示しています。リストは4.3節で説明します。

右上のアイコンをクリックするとダイアログを表示し、リスト表示とグリ

図4.1 都道府県一覧画面（PrefecturesScreen）

ッド表示を切り替えます。ダイアログは4.4節で説明します。

リストやグリッドの項目をクリックすると、図4.2に示す都道府県の詳細画面に遷移します。この画面を定義しているコンポーザブル関数は、`PrefectureDetailScreen`です。

面積や人口などを表示しているエリアは、「データを表示」ボタンをクリックするたびにアニメーションしながら開閉します。アニメーションは4.5節で説明します。

「Wikipediaを開く」というボタンをクリックすると、図4.3に示すようにWikipediaのWebページを表示します。この画面を定義しているコンポーザブル関数は、`WikiViewScreen`です。

この画面はWebViewを利用しており、ComposeのレイアウトのなかにViewを配置しています。ComposeアプリでViewを利用する方法は4.6節で説明します。

これら3つの画面間の遷移は、ナビゲーションという仕組みを利用しています。ナビゲーションによる画面遷移は4.7節で説明します。

また、サンプルアプリは、テーマを利用して色やタイポグラフィをアプリ全体で統一しています。テーマについては4.8節で説明します。

なお、サンプル中で扱う都道府県の情報は`Prefecture`クラスに定義しています。47都道府県分の`Prefecture`のリストをアプリ内に保持しています。

図4.2　都道府県の詳細画面（PrefectureDetailScreen）

図4.3　Wikipedia表示画面（WikiViewScreen）

```
data class Prefecture(
    val name: String,
    val area: String, // km²
    val population: String, // 万人
    val capital: String,
    val description: String,
    val wikiUrl: String,
    @DrawableRes val imageRes: Int
)
```

4.2 Scaffold —— ベースとなるレイアウト

Scaffoldは、組み立て式の足場や舞台といった意味を持つ単語です。Compose
のScaffoldは、画面全体のレイアウトを組み立てるためのベースとなるコン
ポーザブルです。

Scaffoldの定義

Scaffoldの定義は下記のとおりです。また、Scaffoldを利用したレイアウ
トを図4.4に示します。

```
@Composable
fun Scaffold(
    modifier: Modifier = Modifier,
    topBar: @Composable () -> Unit = {},
    bottomBar: @Composable () -> Unit = {},
    snackbarHost: @Composable () -> Unit = {},
    floatingActionButton: @Composable () -> Unit = {},
    floatingActionButtonPosition: FabPosition = FabPosition.End,
    containerColor: Color = MaterialTheme.colorScheme.background,
    contentColor: Color = contentColorFor(containerColor),
    contentWindowInsets: WindowInsets = ScaffoldDefaults.contentWindowInsets,
    content: @Composable (PaddingValues) -> Unit
): Unit
```

topBar、bottomBar、contentの各引数はコンポーザブル関数を受け取りま
す。topBarに記述したコンポーザブルは画面の上部に、bottomBarに記述し
たコンポーザブルは画面の下部にというように、それぞれのコンポーザブル
が適切な場所にレイアウトされます。このように、決められた場所にレイア

図4.4 Scaffoldを利用したレイアウト

ウトするためにコンポーザブルを受け取る引数のことを**スロット**と呼びます。

topBarスロットやbottomBarスロットには、汎用的なバーを構築するためのTopAppBarやBottomAppBarを配置することが多いですが、必要であれば任意のコンポーザブルを記述できます。

contentスロットのラムダに引数で渡されるPaddingValuesは、上下のバー（ステータスバー[注1]、topBar、bottomBar、ナビゲーションバー[注2]）の領域を示しています。このPaddingValuesを適切に利用して、コンテンツを配置します。通常はコンテンツにPaddingValuesと同じサイズの余白を設定して、コンテンツが上下のバーに重ならないように配置します。ただし場合によっては、意図的にコンテンツがバーの下に潜り込むような配置も可能です。

このほかScaffoldは、コンテンツの上に重ねて表示するFloatingActionButton（FAB）や、一時的なメッセージを表示するSnackbarもサポートしています。

Scaffoldの利用例

サンプルの都道府県一覧画面のPrefecturesScreenでは、ScaffoldのtopBarスロットとcontentスロットを利用しています（図4.5）。contentは末尾のラ

注1　画面上部の時計や通知が表示されている領域。
注2　画面下部の横線が表示されている領域。

ムダなのでScaffold()の外に記述しています。

```
@Composable
fun PrefecturesScreen(（省略）) {
    （省略）
    Scaffold(
        topBar = {
            TopAppBar(
                title = { Text("都道府県") },
                actions = { IconButton(（省略）) {（省略）} }
            )
        }
    ) { innerPadding ->
        PrefecturesList(
            （省略）
            modifier = Modifier.padding(innerPadding)
        )
    }
}
```

　topBarスロットにはTopAppBarコンポーザブルを配置して、タイトルとボタンを含むバーを表示しています。

　contentスロットにはこのページのメインコンテンツである都道府県のリストを記述しています。contentスロット内のPrefecturesListにinnerPaddingを設定して、リストがバーに重ならないようにしています。

図4.5　都道府県一覧画面でのScaffoldの利用例

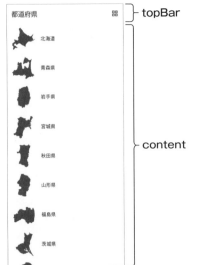

4.3 Lazyコンポーザブルによるリスト表示

　画面に収まらないような多くのアイテムを表示するリストを作成するときは、LazyColumnを使います。

　第2章で紹介したColumnとの違いは、Columnが全てのアイテムの表示処理を一度に実行するのに対して、LazyColumnは画面に表示される範囲のアイテムに限って表示処理を行うことです。表示範囲外のアイテムは、スクロールによって表示範囲に入るタイミングで処理されます。LazyColumnを使うと、アイテムの数が増えても処理負荷が一定になります。

リストの記述方法

　LazyColumnの定義の一部を以下に示します。

```
@Composable
fun LazyColumn(
    （省略）
    content: LazyListScope.() -> Unit
): Unit
```

　LazyColumnのcontent引数はLazyListScopeをレシーバとする関数型です。LazyListScopeは、リストを記述するためのitemやitemsなどの関数を提供します。したがって、contentラムダ内でitemやitemsを利用してリストを記述できます。レシーバを受け取るラムダについて詳しくは3.4節を参照してください。

　itemとitemsは以下のように利用します。実行結果は**図4.6**に示します。

```
val users = List(5) { "User $it" }
LazyColumn {
    item { Text("ユーザー") }
    items(users) { user -> Text(user) }
}
```

　itemは単一のアイテムを表示する場合に利用します。ラムダ内にコンポーザブルを記述します。

　itemsはListの要素を順に表示する場合に利用します。ラムダの引数にリ

ストの要素が一つずつ渡されるので、それを利用してコンポーザブルを記述します。

図4.6 itemとitemsを利用して作成したリストの例

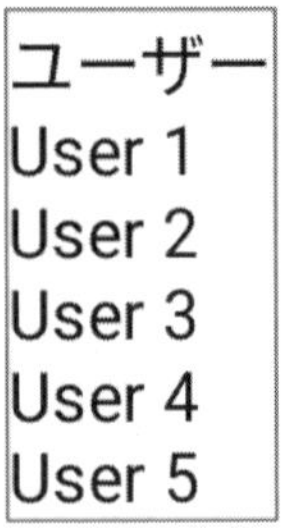

```
ユーザー
User 1
User 2
User 3
User 4
User 5
```

LazyColumnの利用例

サンプルでは、都道府県一覧のリストにLazyColumnを利用しています（図4.7）。

```
LazyColumn（（省略）) {
    items(prefectures) { prefecture ->
        ListItem(
            headlineContent = { Text(prefecture.name) },
            leadingContent = {
                Icon(
                    painterResource(prefecture.imageRes),
                    （省略）
                )
            },
            modifier = Modifier.clickable（（省略）) {
                onPrefectureClick(prefecture)
            }
```

図4.7 LazyColumnを利用した都道府県のリスト

```
            }
        )
    }
}
```

prefecturesは都道府県の情報を格納したPrefectureクラスのListです。
これをitemsに渡して、それぞれの都道府県を表示しています。

各都道府県の表示にはListItemというMaterial 3のコンポーザブルを利用
しています。ListItemはリストの1行分を表示するのに便利なコンポーザブ
ルで、5つのスロットを持っています。各スロットにはフォントサイズなど
のデフォルト値が設定されているので、見栄えの良いリストを手軽に作成で
きます（**図4.8**）。

図4.8　ListItemの5つのスロットのレイアウト

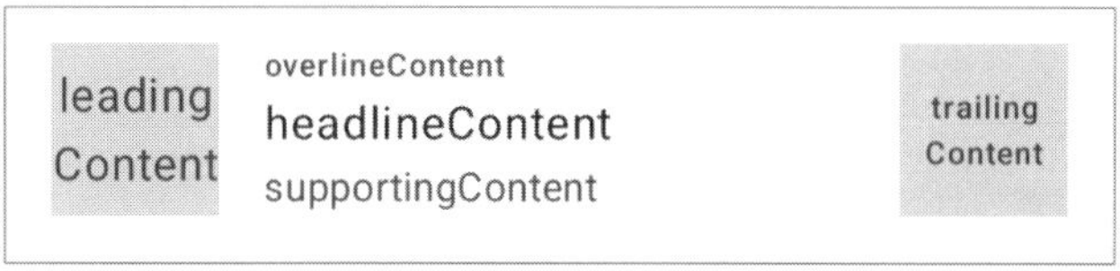

また、サンプルではListItemにModifier.clickableを設定し、クリックし
たら都道府県の詳細画面に遷移させています。コールバック関数にprefecture
を渡すことで、クリックしたアイテムが分かるようにしています。画面遷移
については4.7節で説明します。

いろいろなLazyコンポーザブル

LazyColumn以外にも、多くのアイテムを表示するためのいろいろなコンポ
ーザブルが用意されています。

アイテムを横一列に並べるにはLazyRowを利用します。

アイテムを格子状に並べるにはLazyVerticalGridとLazyHorizontalGridを
利用します。LazyVerticalGridは縦にスクロールし、LazyHorizontalGridは
横にスクロールします。

ページ送りを実現するにはHorizontalPagerとVerticalPagerを利用します。
スワイプジェスチャーによってページ単位でスクロールできることが特徴です。

サンプルではLazyVerticalGridを利用して、都道府県一覧をグリッド表示
しています（**図4.9**）。

第4章 ComposeによるさまざまなUIの実現方法
よく利用するUIの作り方を学び、実践的なUIを作れるようになろう

図4.9 LazyVerticalGridを利用した都道府県一覧表示の例

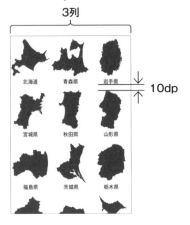

コードは下記のとおりです。

```
LazyVerticalGrid(
    columns = GridCells.Fixed(3),
    verticalArrangement = Arrangement.spacedBy(10.dp),
    modifier = modifier
) {
    items(prefectures) { prefecture ->
        Column(
            horizontalAlignment = Alignment.CenterHorizontally,
            modifier = Modifier
                .fillMaxWidth()
                .clickable(（省略）) { onPrefectureClick(prefecture) }
        ) {
            Icon(
                painterResource(prefecture.imageRes),
                （省略）
            )
            Text(text = prefecture.name)
        }
    }
}
```

columns引数にGridCells.Fixed(3)を指定し、横に3列のグリッドを表示しています。verticalArrangementにArrangement.spacedBy(10.dp)を指定し、行間を10dp空けています。

itemsで一つ一つの都道府県の表示を作成するのはLazyColumnと同じです。ただしグリッド表示の場合は、ListItemのような汎用的なコンポーザブルがないので、Columnを利用してIconとTextをレイアウトしています。

4.4 ダイアログによるメッセージの表示

本節ではAlertDialogコンポーザブルを使ってメッセージやボタンを備えたダイアログを作成し、ユーザー操作によってダイアログを表示したり消したりする方法を説明します。

AlertDialogの定義

AlertDialogの定義の一部を以下に示します。タイトル、テキスト、ボタンなどを配置するためのスロットが用意されています。これらのスロットに任意のコンポーザブルを記述することで、いろいろなダイアログを作成できます（図4.10）。

```
@Composable
fun AlertDialog(
    onDismissRequest: () -> Unit,
    confirmButton: @Composable () -> Unit,
    modifier: Modifier = Modifier,
    dismissButton: @Composable (() -> Unit)? = null,
    icon: @Composable (() -> Unit)? = null,
    title: @Composable (() -> Unit)? = null,
    text: @Composable (() -> Unit)? = null,
    （省略）
)
```

図4.10　AlertDialogのスロットを利用したダイアログ表示の例

ComposeによるさまざまなUIの実現方法
第4章 よく利用するUIの作り方を学び、実践的なUIを作れるようになろう

ダイアログのコンテンツはtextスロットに記述します。スロットの名前が
textですが、文字列に限らず任意のコンポーザブルを記述できます。

スロットの中ではconfirmButtonだけが必須になっています。空のコンポ
ーザブル（{}）を渡せばボタンなしのダイアログも作成できますが、基本的に
は何らかのボタンを1個以上表示し、ボタンをクリックしたらダイアログを
閉じるようにします。

AlertDialogの利用例

サンプルでは、リスト表示タイプを切り替えるダイアログを表示する
ListTypeSelectionDialogというコンポーザブル関数を定義しています。

```kotlin
enum class ListType {
    Column, Grid
}

@Composable
private fun ListTypeSelectionDialog(
    listType: ListType, ──❶
    onConfirm: (ListType) -> Unit,
    onDismiss: () -> Unit
) {
    AlertDialog(
        text = {
            val text = when (listType) {
                ListType.Column -> "グリッド表示に変更しますか？"
                ListType.Grid -> "リスト表示に変更しますか？"       ──❷
            }
            Text(text)
        },
        confirmButton = {
            TextButton(
                onClick = {
                    val newListType = when(listType) {
                        ListType.Column -> ListType.Grid
                        ListType.Grid -> ListType.Column          ──❸
                    }
                    onConfirm(newListType)
                }
            ) { Text("はい") }
        },
        dismissButton = {
            TextButton(onClick = onDismiss) { Text("いいえ") } ──❹
```

140

```
        },
        onDismissRequest = onDismiss   ―❺
    )
}
```

　この関数はlistTypeで現在のリスト表示タイプを受け取り(❶)、それに合わせてメッセージを表示します(❷)。ユーザーが「はい」をクリックすると新しいリスト表示タイプをonConfirmコールバックで返し(❸)、「いいえ」をクリックするとonDismissコールバックを呼び出します(❹)。onDismissRequestはダイアログの外側をクリックしたときに呼ばれるので、ここでもonDismissコールバックを呼び出しています(❺)。

　表示結果は図4.11のようになります。

図4.11　リスト表示タイプを切り替えるダイアログ

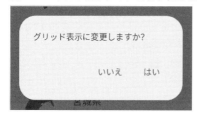

ダイアログの表示と結果の取得

　Composeのダイアログには、showDialog()のような「ダイアログを表示する」メソッドは存在しません。ではどうやってダイアログを表示するかというと、2.7節で説明したようにコンポーザブル関数内に条件分岐を作り、条件を満たしたときにダイアログを表示するように記述します。

　サンプルのコードを使って説明します。

```
var listType by rememberSaveable { mutableStateOf(ListType.Column) }

var showDialog by remember { mutableStateOf(false) }   ―❶
if (showDialog) {   ―❷
    ListTypeSelectionDialog(
        listType = listType,
        onConfirm = { newListType ->
            listType = newListType   ―❸
            showDialog = false   ―❹
        },
```

第4章 ComposeによるさまざまなUIの実現方法
よく利用するUIの作り方を学び、実践的なUIを作れるようになろう

第1部 Composeに親しむ

```
        onDismiss = {
            showDialog = false ──❺
        }
    )
}
（省略）

// TopAppBarのボタン
IconButton(onClick = { showDialog = true }) { （省略） } ──❻
```

❶でダイアログを表示するかどうかを表すshowDialog変数を定義し、❷の
if文でshowDialogがtrueのときにListTypeSelectionDialogを表示するよう
に記述しています。

❻のIconButtonは、TopAppBarに配置されている、リスト表示とグリッド表
示を切り替えるボタンです。このIconButtonのonClickでshowDialogをtrue
に変更しているので、ボタンをクリックするとダイアログが表示されます。

ダイアログを消す処理は、ListTypeSelectionDialogのボタンをクリックした
ときに呼ばれるコールバックに記述しています。❹と❺でshowDialogをfalseに
変更しているので、ダイアログのボタンをクリックするとダイアログが消えます。

ダイアログの結果はonConfirmコールバック関数で受け取って、❸で
listType変数に代入しています。これで、ダイアログを閉じるタイミングで
listTypeが更新されます。

4.5 表示切り替えのアニメーション

本節では2種類のComposeのアニメーションAPIを紹介します。Animate*
AsStateとAnimatedVisibilityです。Composeのアニメーションは目的によ
って多様なAPIが用意されていて、全てを把握するのは大変ですが、この2
種類のAPIを使えば、ユーザー操作に応じて表示内容を切り替えるときのア
ニメーションの大部分をカバーできます。

アニメーションの利用例

サンプルでは、都道府県のデータの表示と非表示を切り替える部分でアニ

4.5 表示切り替えのアニメーション

図4.12 都道府県のデータの表示と非表示を切り替えるアニメーション

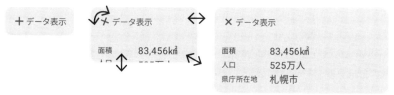

メーションAPIを利用しています。

「データ表示」ボタンをクリックすると、「＋」アイコンが45度回転して「×」ボタンに変化しながら、ボタンを含むカードの領域が広がって都道府県のデータが表示されます(**図4.12**)。データを表示している状態でもう一度ボタンをクリックすると、逆の動きでデータを非表示にします。図でアニメーションの様子を伝えることは難しいので、ぜひサンプルコードをビルドして動かしてみてください。

以下にコードの全体像を示します。

```
var expand by remember { mutableStateOf(false) } ─❶
Card(（省略）) {
    TextButton(onClick = { expand = !expand }) { ─❷
        val degree by animateFloatAsState(
            targetValue = if (expand) 45f else 0f,
            label = "ExpandButtonAnimation"
        )                                              ❸
        Icon(
            painter = painterResource(R.drawable.add),
            contentDescription = null,
            modifier = Modifier.rotate(degree)
        )
        Text("データ表示")
    }
    AnimatedVisibility(
        visible = expand,
        enter =  expandIn(expandFrom = Alignment.TopStart),
        exit = shrinkOut(shrinkTowards = Alignment.TopStart)
    ) {                                                       ❹
        Column(modifier = Modifier.padding(12.dp)) {
            PrefectureDataItem(label = "面積", value = prefecture.area)
            PrefectureDataItem(label = "人口", value = prefecture.population)
            PrefectureDataItem(label = "県庁所在地", value = prefecture.capital)
        }
    }
}
```

第4章 | ComposeによるさまざまなUIの実現方法
よく利用するUIの作り方を学び、実践的なUIを作れるようになろう

　データの表示と非表示はexpandという変数で制御しています（❶）。
TextButtonのonClickでexpandの値を更新し、データの表示と非表示を切り
替えています（❷）。

　アイコンの回転アニメーションには、Animate*AsStateの一種のAnimateFloat
AsStateを使っています（❸）。データの表示と非表示の切り替え、それに伴
うカードサイズの変更のアニメーションは、AnimatedVisibilityを使ってい
ます（❹）。どちらも、expandの値の変化をトリガにアニメーションが起動す
るようになっています。

Animate*AsStateによる値の変更のアニメーション

　Animate*AsStateは、ある値をスムーズに別の値に変化させることでアニ
メーションを実現するAPIです。*の部分にはFloatやDpなど、アニメーショ
ン対象の型が入ります。

　サンプルでは、アイコンの回転のアニメーションにanimateFloatAsState
を利用し、expandがtrueならアイコンを45度回転させています。

```
val degree by animateFloatAsState(
    targetValue = if (expand) 45f else 0f, ──❶
    label = "ExpandButtonAnimation"
)
Icon(
    （省略）
    modifier = Modifier.rotate(degree) ──❷
)
```

　degreeは角度を表すFloatの変数です。この変数をanimateFloatAsState
で定義しています。

　targetValueには、アニメーションが完了したときに設定したい値を、条
件に応じて指定します。この例では、expandがtrueなら45fを、falseなら
0fを指定しています（❶）。これで、expandの値が変化すると、degreeが45f
と0fの間でスムーズに変化します。

　あとはModifier.rotateにdegreeを渡せば（❷）、degreeの値が少し変化す
るたびにIconの角度が変化して描画されます。結果として、expandの値が変
化するとアイコンが回転するアニメーションになります。

4.5 表示切り替えのアニメーション

AnimatedVisibilityによる表示と非表示のアニメーション

AnimatedVisibilityは、コンポーザブルを表示したり非表示にしたりするときの効果を付与するAPIです。対象となるコンポーザブルをAnimatedVisibilityでラップして記述します。

サンプルでは、都道府県のデータを記述したColumnの表示と非表示の切り替えにAnimatedVisibilityを利用しています。

```
AnimatedVisibility(
    visible = expand,
    enter = expandIn(expandFrom = Alignment.TopStart),
    exit = shrinkOut(shrinkTowards = Alignment.TopStart)
) {
    Column(（省略）) { （省略） }
}
```

visibleには、コンポーザブルを表示する条件を指定します。ここではexpandがtrueのときに表示しています。

表示を切り替えるときの効果を**トランジション**と呼びます。enterはコンポーザブルを表示するときのトランジションを、exitは非表示にするときのトランジションを指定します。

図4.13に、AnimatedVisibilityで利用できる主なトランジションを示します。

expandInとshrinkOutはトランジションの進行に合わせてコンポーザブルのサイズも変化します。そのため、AnimatedVisibilityを適用しているコンポーザブルのサイズの変化に合わせて、周囲のコンポーザブルの配置もスムーズに変化します。サンプルではexpandInとshrinkOutを利用しているため、AnimatedVisibilityの親コンポーザブルのCardのサイズもスムーズに変化し

図4.13　AnimatedVisibilityで利用できる主なトランジション

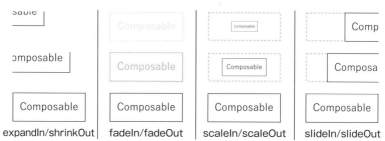

第4章 ComposeによるさまざまなUIの実現方法

よく利用するUIの作り方を学び、実践的なUIを作れるようになろう

ます。

それ以外のトランジションは、トランジションの進行中は常に最終的なコンポーザブルのサイズが確保されます。例えばscaleInでは、トランジション開始直後に図の点線の領域が確保され、その領域の中で見かけ上のサイズが変化していきます。そのため、周囲のコンポーザブルの配置は瞬間的に切り替わります。仮にサンプルにscaleInを指定すると、「データ表示」ボタンをクリックした瞬間にCardは最終的なサイズに拡大して表示されるようになります。

4.6 Viewとの共存

Composeのライブラリはこの数年でかなり充実してきたので、多くのUIをComposeで記述できるようになりました。しかし一部、従来のViewのコンポーネントを使わないと実現できないUIがまだ残っています。代表的なものが、Webページを表示するWebViewや、動画再生に利用するPlayerViewです。また、過去にViewで開発した独自のコンポーネントを利用したい場合もあるかもしれません。

そのような場合には、AndroidViewというコンポーザブル関数を利用すると、ComposeのUIの中にViewのコンポーネントを配置できます。

WebViewをComposeで利用する例

サンプルでは、WebViewを利用してWikipediaの都道府県の記事を表示しています（**図4.14**）。コードを下記に示します。

```
Scaffold(
    (省略)
) { innerPadding ->
    AndroidView(
        modifier = Modifier.padding(innerPadding),
        factory = { context ->
            WebView(context).apply {
                webViewClient = WebViewClient()
            }
        },
```

146

図4.14 WebViewを利用してWebページを表示する例

```
        update = { webView ->
            webView.loadUrl(url)
        }
    )
}
```

　ScaffoldのcontentにAndroidViewコンポーザブルを配置し、その中でWebViewを初期化して表示しています。AndroidViewはViewという名前ですが、コンポーザブル関数です。

　factoryはAndroidViewの初回コンポーズのタイミングで一度だけ呼ばれるので、ここでViewのインスタンスを作成します。Viewの作成に必要なContextは、factoryラムダの引数で渡されるものを使えます。

　そのほかに必要なViewの初期化処理も、factoryのラムダ内でまとめて実施します。ここではWebViewClientを指定しています[注3]。

　updateはAndroidViewの初回コンポーズのタイミングに加えて、再コンポーズのたびに実行されます。初回コンポーズのときは、factoryの後に実行されます。

　updateのラムダの引数には、factoryで作成したViewのインスタンスが渡されるので、必要に応じてViewの状態を変更します。ここではloadUrlを呼び出してWebページを読み込んでいます。

　このサンプルではURLは固定なのでfactoryでloadUrlを呼び出しても結

注3　WebViewClientは、WebView内でページ遷移が発生したときに遷移先のページを同じWebViewで表示するために必要です。そのほかWebViewClientを使うとWebViewの挙動を細かく制御できますが、ここでは説明を割愛します。

第4章 ComposeによるさまざまなUIの実現方法
よく利用するUIの作り方を学び、実践的なUIを作れるようになろう

果は同じですが、ユーザー操作によって読み込むURLを切り替える場合などは、updateでloadUrlを呼び出すことで、作成済みのWebViewに対して指示を出すことができます。

4.7 ナビゲーションによる画面遷移

アプリ内の画面遷移を実現する仕組みを**ナビゲーション**と呼びます。本節ではナビゲーションの概念を説明しながら、Composeアプリの画面遷移について説明します。

Composeアプリの画面遷移は、Navigation Composeというライブラリを利用します。Navigation Composeはv2.8で機能が追加され、画面遷移先をKotlinの型で定義できるようになりました。これを型安全なナビゲーションと呼びます。型安全なナビゲーションは今後広く利用されるようになると思われるため、使い方を紹介します。

準備

Navigation Composeを使うには、プロジェクトに依存を追加する必要があります。Navigation Composeの最新のバージョン番号は「Navigation - developer. android.com」[注4]で確認できます。

また、型安全なナビゲーションを利用するには、追加でkotlinx-serializationプラグインの設定が必要です[注5]。こちらの最新のバージョン番号は「kotlinx. serialization - GitHub」[注6]で確認できます。

```
libs.versions.toml  ※行末の記号⏎は、改行はなく次の行につながっていることを意味しています
[versions]
navigation = "2.8.3"
serialization = "1.7.3"

[libraries]
androidx-navigation-compose = { group = "androidx.navigation", name = ⏎
```

注4 https://developer.android.com/jetpack/androidx/releases/navigation

注5 serializationプラグインを用いて、任意の型をString型に変換します。Navigationの内部では画面遷移先をString型で扱うので、serializationによって任意の型をString型に変換しています。

注6 https://github.com/Kotlin/kotlinx.serialization

4.7　ナビゲーションによる画面遷移

```
"navigation-compose", version.ref = "navigation" }
kotlinx-serialization-json = { group = "org.jetbrains.kotlinx", name = ⏎
"kotlinx-serialization-json", version.ref = "serialization" }

[plugins]
kotlin-serialization = { id = "org.jetbrains.kotlin.plugin.serialization", ⏎
version.ref = "kotlin" }
```

build.gradle.kts(:app)

```
plugins {
    alias(libs.plugins.kotlin.serialization)
}

dependencies {
    implementation(libs.androidx.navigation.compose)
    implementation(libs.kotlinx.serialization.json)
}
```

ナビゲーショングラフによる画面遷移とバックスタック

　ナビゲーションは、複数の画面間の関係を定義した**ナビゲーショングラフ**に基づいて画面遷移を実現します。グラフのノードを**デスティネーション**（Destination）と呼び、これが個別の画面に相当します。デスティネーションと、そのデスティネーションで必要なパラメータをまとめたものを**ルート**（Route）と呼びます。

　図4.15の上部に、サンプルアプリのナビゲーショングラフを示します。

　サンプルアプリは3つのデスティネーションを持っています。都道府県の一覧を表示するPrefectures、都道府県の詳細を表示するPrefectureDetail、Wikipediaのページを表示するWikiViewです。

　PrefectureDetailへ遷移するときは、詳細を表示する都道府県の名前を指定する必要があります。同様にWikiViewではURLが必要です。これらのパラメータとデスティネーションをまとめたものがルートになります。

　ナビゲーションの状態管理は、**バックスタック**で管理されます。バックスタックのイメージを**図4.15**の下部に示します。アプリの起動時には、バックスタックに1つのデスティネーションが格納されています。その状態から次の画面に遷移すると、バックスタックにデスティネーションが積み重なっていきます。元の画面に戻るときは、バックスタックからデスティネーションが削除されます。バックスタックの一番上のデスティネーションが、画面に表示されます。

149

図4.15 ナビゲーショングラフとバックスタック

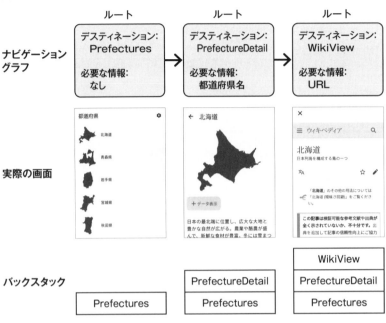

ルートの定義

ここから、サンプルアプリの具体的な実装を紹介していきます。まずは先ほどのグラフに示した3つのルートを定義します。

```
object Route {
    @Serializable
    data object Prefectures

    @Serializable
    data class PrefectureDetail(
        val name: String
    )

    @Serializable
    data class WikiView(
        val url: String
    )
}
```

Prefecturesはパラメータを必要としないのでdata objectとして定義して

います。

PrefectureDetailとWikiViewはdata classとして定義し、必要なパラメータをプロパティに持たせています。PrefectureDetailには都道府県名を表すnameプロパティを、WikiViewにはURLを表すurlプロパティを持たせています。

このようにルートを型で表現できるのは、Navigation Compose v2.8以降です。従来はルートを文字列で定義していました。そのため、存在しないデスティネーションへの遷移を実装してしまったり、必要なパラメータを指定し忘れたりといったミスが起こる可能性がありました。v2.8からは上記のようにルートを型として定義できるようになり、デスティネーションおよび必要なパラメータが分かりやすくなりました。ただし、従来の形式との互換性を保つため、内部的には依然としてルートを文字列で扱っています。そこで、それぞれのルートに@Serializableアノテーションを付与し、シリアライズ処理によりオブジェクトを文字列に変換できるようにしています。

ナビゲーションの実装

さて、ルートを定義できたので、次にナビゲーションのコードを説明します。

サンプルでは、MainActivityのsetContentから呼び出すAppというコンポーザブル関数を定義して、ナビゲーションの処理を記述しています。このAppが、アプリの実質的なエントリーポイントになります。

```kotlin
class MainActivity : ComponentActivity() {
    override fun onCreate(savedInstanceState: Bundle?) {
        （省略）
        setContent {
            PrefecturesTheme {
                App()
            }
        }
    }
}
```

● ナビゲーションの全体像
Appに記述するナビゲーションのコードの全体像を以下に示します。

第4章 ComposeによるさまざまなUIの実現方法
よく利用するUIの作り方を学び、実践的なUIを作れるようになろう

```kotlin
@Composable
fun App() {
    val navController = remember NavController() —❶
    NavHost( —❷
        navController = navController, —❸
        startDestination = Route.Prefectures —❹
    ) {
        composable<Route.Prefectures> {
            PrefecturesScreen（省略）
        }
        composable<Route.PrefectureDetail>（省略） {
            （省略）
            PrefectureDetailScreen（省略）
        }
        composable<Route.WikiView>（省略） {
            （省略）
            WikiViewScreen（省略）
        }
    }
}
```

❶でrememberNavControllerを用いてNavControllerを作成しています。
NavControllerはバックスタックを管理するクラスで、画面遷移を実行する
メソッドを提供します。

❷でNavHostを呼び出しています。NavHostは2つの役割を持っています。

1つめの役割は、NavControllerのバックスタックの状態に従って、最前面
に存在する画面のコンポーザブルを表示することです。❸のnavController
引数には、❶で作成したNavControllerを渡します。これで、NavController
とNavHostが連携します。

もう一つの役割はナビゲーショングラフを定義することです。❹のstart
Destination引数には、ナビゲーショングラフの起点（初期状態で表示するル
ート）を指定します。ここではPrefecturesを指定しています。ナビゲーショ
ングラフの実体は、NavHostのラムダ内でcomposableを用いて定義します。

composableは、ルートとコンポーザブルを関連付けます。ルートの型を<>
に指定し、表示するコンポーザブルをラムダに記述します。サンプルでは
composableを3つ記述し、3つのルートそれぞれに対応する画面のコンポー
ザブル関数を呼び出しています。

○ 遷移元の実装

ここまでで、ナビゲーショングラフが3つのルートを持つことを記述でき

ました。続いて、ルートからルートへの遷移を実装します。まずは遷移元の実装です。

以下にPrefecturesルートの詳細なコードを示します。

```
composable<Route.Prefectures> {
    PrefecturesScreen(
        onPrefectureClick = { prefecture ->
            navController.navigate(
                Route.PrefectureDetail(name = prefecture.name)
            )
        }
    )
}
```
❺

❺は都道府県一覧画面で都道府県を選択したときに呼び出されるコールバックです。ユーザーが都道府県を選択したときに詳細画面に遷移させたいので、ここに処理を記述します。

特定のルートへ遷移するには、NavControllerのnavigateメソッドを呼び出します。navigateの引数に渡すのは、遷移先のルートを表すオブジェクトです。ここでは都道府県の詳細画面に遷移したいので、都道府県名を指定してPrefectureDetailオブジェクトを作成し、navigateに渡しています。

○ 遷移先の実装

次に遷移先のPrefectureDetailルートの詳細なコードを確認します。

```
composable<Route.PrefectureDetail>(
    （省略）
) { navBackStackEntry ->
    val prefectureDetail: Route.PrefectureDetail
            = navBackStackEntry.toRoute() ─❻
    PrefectureDetailScreen(
        prefectureName = prefectureDetail.name,
        onBackClick = { navController.popBackStack() }, ─❼
        onOpenWikiClick = { （省略） }
    )
}
```

遷移元で作成したルートオブジェクトは、遷移先のcomposableのラムダの引数から❻のように取り出せます。ラムダの引数のnavBackStackEntryにはデスティネーションに関連する情報が保持されており、toRouteメソッドでルートオブジェクトを取得できます。取り出したPrefectureDetailオブジェ

クトから都道府県名を取得し、PrefectureDetailScreenに渡せば、前の画面
で選択した都道府県の詳細を表示できます。

最後に、前の画面に戻る処理を説明します。❼のonBackClickは、都道府県
詳細画面で戻るボタンを押したときのコールバックです。ここでNavController
のpopBackStackを呼び出すと、バックスタックからデスティネーションが削
除され、1つ前の画面に戻ります。

説明は割愛しますが、PrefectureDetailデスティネーションからWikiView
デスティネーションへの遷移も同様です。

画面遷移のアニメーション

Navigation Composeでは画面遷移のアニメーションを指定できます。アニ
メーションはcomposableの引数で指定します。

次のコードは、PrefectureDetailルートを定義するcomposableです。4つの
引数でトランジション（画面の変化の仕方）を指定するのですが、enterTransition
にスライドインを、popExitTransitionにスライドアウトを指定し、その他
はnullを指定しています。

```
composable<Route.PrefectureDetail>(
    enterTransition = { slideInHorizontally(initialOffsetX = { it }) },
    exitTransition = null,
    popEnterTransition = null,
    popExitTransition = { slideOutHorizontally(targetOffsetX = { it }) }
) {
    （省略）
}
```

4つの引数の説明を**表4.1**に示します。

表4.1　画面遷移のトランジションを指定するcomposable関数の引数

引数	説明
enterTransition	このデスティネーションがバックスタックに追加されて画面に表示されるときのトランジション
exitTransition	別のデスティネーションがバックスタックに追加されて、このデスティネーションが画面から消えるときのトランジション
popEnterTransition	バックスタックの上に重なっていた別のデスティネーションが削除されて、このデスティネーションが画面に表示されるときのトランジション
popExitTransition	このデスティネーションがバックスタックから削除されて画面から消えるときのトランジション

図 4.16　PrefectureDetail のトランジション

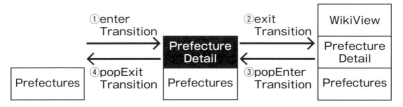

　enter と exit が 2 つずつあり紛らわしいので、サンプルの例を使って説明します。図 4.16 は PrefectureDetail デスティネーションに着目してトランジションを図示しています。

　PrefectureDetail がバックスタックに追加されて表示されるときのトランジションは、enterTransition です（①）。さらに WikiView がバックスタックに追加されることにより PrefectureDetail が画面から消えるときのトランジションは、exitTransition です（②）。WikiView がバックスタックから削除されることにより PrefectureDetail が画面に表示されるときのトランジションは、popEnterTransition です（③）。PrefectureDetail がバックスタックから削除されて画面から消えるときのトランジションは、popExitTransition です（④）。

　PrefectureDetail の exitTransition と、WikiView の enterTransition は同時に発生します。PrefectureDetail の popEnterTransition と WikiView の popExitTransition も同様です。もちろん必要に応じて両方使えますが、enterTransition と popExitTransition に値を指定して残りを null にするように統一しておくと、トランジションが重複しません。

4.8　テーマの活用

　本節ではテーマについて説明します。はじめに、Android の UI デザインのベースになっているマテリアルデザインについて簡単に説明し、テーマの役割を説明します。その後、Compose アプリにおけるテーマの利用方法やカスタマイズ方法を説明します。

ComposeによるさまざまなUIの実現方法

よく利用するUIの作り方を学び、実践的なUIを作れるようになろう

マテリアルデザインとテーマの概要

マテリアルデザイン（Material Design）[注7]は、Googleが提唱し、Androidなどで利用されているデザインシステムです。現在利用が推奨されているのは第3世代のデザインシステムで、**Material 3**または**M3**と呼ばれます。Composeでは第2世代のマテリアルデザインも利用できますが、本書ではMaterial 3を利用します。

マテリアルデザインでは、ボタンやテキストフィールドなどさまざまなUIコンポーネントが定義されています。UIの部品としての形や動きだけでなく、使い方のガイドラインや、アクセシビリティの留意点などが定められています。

Material 3のComposeの実装は、material3パッケージで提供されています。Android StudioでComposeのプロジェクトを新規作成すると、はじめからmaterial3パッケージが利用可能な状態になっています。ButtonやTextなど本書で利用しているさまざまなコンポーザブル関数がmaterial3パッケージで提供されており、それらにはMaterial 3のデザインシステムが反映されています。

マテリアルデザインにおける**テーマ**は、色、タイポグラフィ（フォント、文字の大きさ、文字の間隔など）、シェイプ（角の丸め方など）のそれぞれについて、ロール（役割）ごとに値を割り当てたものです。例えば、色のロールはPrimary、Secondary、Tertiaryなど40種類ほどが定義されており[注8]、それぞれに色を割り当てられます。こうして定義したテーマをアプリ全体で利用することで、アプリの見た目に統一感を出しつつ、アプリの個性を表現する色使いを実現できます。

テーマの適用

Android StudioでComposeのプロジェクトを作成すると、自動的にテーマが作成されます。MainActivityのsetContentを確認すると、〜Themeというコンポーザブルがはじめから記述されています。〜Themeの「〜」の部分は初期状態ではプロジェクト名が使用されます。

注7　https://m3.material.io/

注8　詳しくは「Color roles - Material Design」（https://m3.material.io/styles/color/roles）を参照してください。

```
class MainActivity : ComponentActivity() {
    override fun onCreate(savedInstanceState: Bundle?) {
        （省略）
        setContent {
            PrefecturesTheme {
                （省略）
            }
        }
    }
}
```

〜Theme は、ラムダ内に記述したコンポーザブルに対してテーマを適用します。上記のようにコンポーザブルの呼び出し階層の最上位に〜Theme を記述することによって、アプリ全体にテーマを適用できます。

テーマの定義とカスタマイズ

〜Theme は Theme.kt に定義されています。

```
@Composable
fun PrefecturesTheme(
    darkTheme: Boolean = isSystemInDarkTheme(),
    dynamicColor: Boolean = true,
    content: @Composable () -> Unit
) {
    val colorScheme = when {
        dynamicColor && Build.VERSION.SDK_INT >= Build.VERSION_CODES.S -> {
            val context = LocalContext.current
            if (darkTheme)
                dynamicDarkColorScheme(context)
            else
                dynamicLightColorScheme(context)
        }
        darkTheme -> DarkColorScheme
        else -> LightColorScheme
    }

    MaterialTheme(
        colorScheme = colorScheme,
        typography = Typography,
        content = content
    )
}
```
❶

第4章 ComposeによるさまざまなUIの実現方法
よく利用するUIの作り方を学び、実践的なUIを作れるようになろう

❶では、適用するカラースキーム（色の組み合わせ）を選択しています。カ
ラースキームの選択肢は4種類で、ダイナミックカラー[注9]が有効な場合と無
効な場合のそれぞれに、明るい配色と暗い配色が用意されています。まずダ
イナミックカラーが利用可能かどうか判定し、利用可能な場合と不可能な場
合それぞれで、ダークテーマが有効かどうかを判定して、カラースキームを
選択しています。

プログラマがカスタマイズできるカラースキームは、ダイナミックカラー
が無効な場合に利用しているDarkColorSchemeとLightColorSchemeです。こ
れらは下記のように定義されています。

```
private val DarkColorScheme = darkColorScheme(
    primary = Purple80,
    secondary = PurpleGrey80,
    tertiary = Pink80
)

private val LightColorScheme = lightColorScheme(
    primary = Purple40,
    secondary = PurpleGrey40,
    tertiary = Pink40
)
```

darkColorSchemeとlightColorSchemeはどちらもmaterial3パッケージで
提供されている関数で、ColorSchemeオブジェクトを返します。これらの関
数にはロールの色を指定する30個以上の引数があり、任意の色を指定できま
す。上記の例ではprimary、secondary、tertiaryの3つだけを指定していま
す。それ以外のロールはデフォルトの色が使用されます。

上記で指定しているPurple80などの色の実体は、Color.ktに定義されてい
ます。

```
val Purple80 = Color(0xFFD0BCFF)
val PurpleGrey80 = Color(0xFFCCC2DC)
val Pink80 = Color(0xFFEFB8C8)

val Purple40 = Color(0xFF6650a4)
val PurpleGrey40 = Color(0xFF625b71)
val Pink40 = Color(0xFF7D5260)
```

テーマの色を変更するには、Color.ktに使いたい色を定義し、それをTheme.

注9　ダイナミックカラーはAndroid 12以降で利用できる機能で、ユーザーが選択した壁紙に合わせて
自動的にアプリの配色を変更する機能です。

158

ktの DarkColorScheme や LightColorScheme に指定します。

タイポグラフィやシェイプも同様の方法で変更できます。

テーマの値の利用

テーマに定義した色、タイポグラフィ、シェイプの値にアクセスするには、MaterialTheme オブジェクトを使います。MaterialTheme には colorScheme、typography、shapes というプロパティがあるので、それらを介してロールの値を取得します。例えば primary の色を取得するには、MaterialTheme.colorScheme.primary と記述します。

サンプルアプリでは、都道府県のシルエットの色に primary を指定しています。

```
Icon(
    painter = painterResource(prefecture.imageRes),
    contentDescription = null,
    tint = MaterialTheme.colorScheme.primary,
    modifier = Modifier.fillMaxWidth()
)
```

また、都道府県のデータ表示のラベルの文字のスタイルに labelMedium を指定しています。

```
Text(
    text = label,
    style = MaterialTheme.typography.labelMedium,
    modifier = Modifier.weight(0.3f)
)
```

MaterialTheme オブジェクトは、先述の〜Theme コンポーザブルより下の階層であれば任意の場所で使用でき、どこで呼び出しても同じ色やタイポグラフィの値を取得できます。setContent の直下、つまりコンポーザブルの階層の最上位に〜Theme を記述すると、アプリの任意の場所で同じテーマを利用できることになります。

これは CompositionLocal という仕組みによって実現されています。CompositionLocal は一種のグローバル変数のようなもので、コンポーザブルの呼び出し階層全体で同じ値を参照できるようになります。そのため、テーマのようにアプリ全体で同じ値を利用する場合に便利な仕組みです。

CompositionLocal については、第5章で詳しく説明します。

コンポーネントのデフォルト値の変更

material3パッケージが提供しているコンポーネントは、プログラマが色やフォントを指定しなくても、デフォルトでテーマが適用されています。例えばButtonの色はデフォルトでprimaryが、Button内のテキストにはonPrimaryが指定されています。また、ボタンを無効にしたときの色も指定されています。material3パッケージのコンポーネントを使っていれば、プログラマが意識しなくてもこのようにテーマが適用され、統一感のあるデザインを実現できます。

とはいえ「ここのボタンだけは色を変えたい」というように、特定のコンポーネントの色を個別に変更したい場合もあります。Buttonの場合は、色の組み合わせを定義したButtonColorsというクラスがあるので、デフォルトのButtonColorsから変更したい部分だけを変更すると簡単です。ボタンの色をsecondaryに変更するには以下のように記述します。

```
Button(
    onClick = {},
    colors = ButtonDefaults.buttonColors().copy(
        containerColor = MaterialTheme.colorScheme.secondary,
        contentColor = MaterialTheme.colorScheme.onSecondary
    )
) {
    Text("Button")
}
```

4.9 アクセシビリティ —— 読み上げ内容の改善

Androidには、視覚障がい者のために画面を読み上げる**トークバック**という機能が搭載されています。Composeも標準でトークバックをサポートしています。UI実装時に意識してトークバック用のコードを少し追加するだけで、視覚障がい者が操作に困らないUIを実現できます。

トークバックの確認方法

トークバックは端末の設定アプリで有効にできますが、おすすめはAndroid

図4.17　Android Studioで実機のTalkBackを有効にする画面

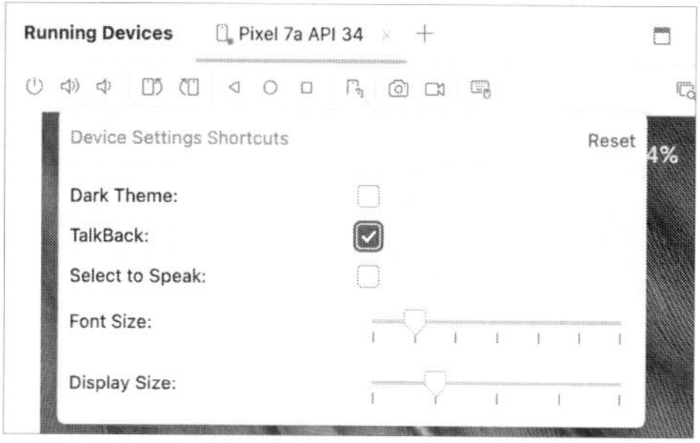

Studioで有効にする方法です。Android Studio Koala Feature Dropで機能が追加され、Android Studioから実機のトークバックを有効にできるようになりました。

　Android Studioでトークバックを有効にするには、実機を接続した状態で「Running Devices」ツールウィンドウを開き、「Device UI Shortcuts」をクリックして、「TalkBack」にチェックを入れます（**図4.17**）。

　トークバックが有効になっている間は、指が触れた部分が選択状態になり、文字列が読み上げられます。また、画面上の任意の場所を左右にスワイプすると、画面上の要素が順に読み上げられます。読み上げられた部分のボタンなどを操作するには画面をダブルタップします。

アイコンや画像の読み上げ

　画面上の文字列は自動的に読み上げられますが、画像の場合は読み上げ用のテキストを設定する必要があります。このために用意されているのが、ImageやIconの`contentDescription`です。`contentDescription`に文字列を指定すると、トークバックで読み上げられます。

　例として、サンプルアプリのTopAppBarの戻るボタン（**図4.18**）を説明します。このボタンに含まれているIconの`contentDescription`引数には"戻る"と指定しています。そのため、トークバックで「戻る、ボタン、有効にするにはダブルタップします」と読み上げられます。

```
IconButton(onClick = onBackClick) {
    Icon(
        painter = painterResource(R.drawable.arrow_back),
        contentDescription = "戻る"
    )
}
```

図4.18　TopAppBarの戻るボタン

　仮にcontentDescription = nullとすると、「ボタン、有効にするにはダブルタップします」という読み上げ内容になり、読み上げ内容からは何のボタンなのか判断できなくなります。

　contentDescriptionは、painter引数と同様にIconやImageの必須引数になっています。IconやImageの読み上げ内容を考えることは、表示する画像を考えるのと同じくらい重要なことだと言ってよいでしょう。

○ 読み上げすべきでない場合

　適切な読み上げのために重要なcontentDescriptionですが、値を設定すべきでない場合があります。それは、画像が装飾目的で使われている場合です。この場合はcontentDescriptionにnullを指定し、トークバックの読み上げ対象にならないようにします。

　よくある例は、文字列と、その文字列を表すアイコンを並べるケースです。この場合、文字列とアイコンをそれぞれ読み上げると、同じ内容が2回繰り返されることになり、読み上げ機能を利用する人を混乱させてしまいます。

　サンプルアプリの都道府県一覧画面の例を紹介します。都道府県名を表示するTextの横に、その都道府県のシルエットを表示するIconを配置しています（**図4.19**）。このシルエットは装飾目的なので、contentDescriptionにnullを指定しています。

```
ListItem(
    headlineContent = {
        Text(prefecture.name)
    },
    leadingContent = {
        Icon(
            painterResource(prefecture.imageRes),
```

4.9 アクセシビリティ —— 読み上げ内容の改善

```
                contentDescription = null,
            (省略)
        )
    },
    (省略)
)
```

図4.19 文字列の横に装飾目的のアイコンを表示している例

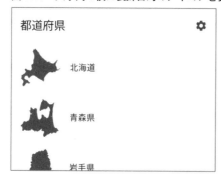

動作の説明の読み上げ

　ButtonやModifier.clickableを記述したコンポーザブルは、「有効にするにはダブルタップします」と読み上げられます。この読み上げによって、選択中のUIコンポーネントがダブルタップにより操作可能なことをユーザーに伝えています。

　Buttonの場合は、そのボタン内のテキストや、アイコンのcontentDescriptionが合わせて読み上げられるので、操作すると何が起きるのか推測できます。しかし、Modifier.clickableは任意のコンポーザブルに記述できるため、デフォルトの読み上げ内容では、ダブルタップしたときに何が起こるのか推測できない場合があります。

　再びサンプルアプリの都道府県一覧画面(図4.19)を用いて説明します。このリストの各アイテムは、ListItemに都道府県名を表示しています。また、ListItemにclickableを設定し、クリックしたら都道府県詳細画面に遷移するようにしています。このListItemの読み上げ内容は、デフォルトでは「北海道、有効にするにはダブルタップします」のようになります。これでは、ダブルタップしたときに何が起こるのか分かりません。

　そこでサンプルでは次に示すように、onClickLabelに"詳細を確認する"

163

ComposeによるさまざまなUIの実現方法

第4章 よく利用するUIの作り方を学び、実践的なUIを作れるようになろう

と記述して、クリック（トークバック有効時はダブルタップ）したときの動作を説明しています。これで読み上げ内容は「北海道、詳細を確認するにはダブルタップします」のようになります。

```
ListItem(
    headlineContent = { Text(prefecture.name) },
    leadingContent = { Icon（省略） },
    modifier = Modifier.clickable(
        onClickLabel = "詳細を確認する"
    ) { onPrefectureClick(prefecture) }
)
```

onClickLabelは「〜する」の形で記述すると、読み上げ内容が自然な日本語になります。英語の場合は動詞から始まる文を記述すると良いです。

4.10 まとめ

本章では、より実践的なUIの作成方法を紹介しました。

・Scaffoldを使うと、topBarやbottomBarを含む汎用的なレイアウトを作成できます。PaddingValuesを適切にコンテンツに設定して、バーとコンテンツが重ならないように配置します。

・画面に収まらないような多くのアイテムを表示するリストを作成するときは、ColumnではなくLazyColumnを利用します。Lazyコンポーザブルは画面に表示される範囲に限って表示処理を行います。

・ダイアログの表示と非表示の切り替えは、if文を用いて記述します。ダイアログの表示状態を表す変数を用意し、条件を満たしたらダイアログが表示されるように記述します。

・Animate*AsStateとAnimatedVisibilityを利用すると、表示の切り替えのアニメーションを実現できます。

・AndroidViewを使うと、WebViewなどの従来のViewのコンポーネントをComposeのUIの中に配置できます。

・Composeアプリの画面遷移は、Navigation Composeを利用します。Navigation Composeのv2.8以降では、型安全なナビゲーションを利用できるようになりました。

・NavControllerはナビゲーションのバックスタックを管理しています。画面遷移を実行するにはNavControllerのメソッドを呼び出します。

- NavHostはナビゲーショングラフを構築する役割と、NavControllerの状態に従って画面を表示する役割を持っています。
- Material 3のテーマは、Android Studioでプロジェクトを作成したときに自動的に適用されます。Theme.ktを変更するとテーマをカスタマイズできます。
- MaterialThemeオブジェクトを参照して、テーマの色やタイポグラフィなどを任意のコンポーザブルで利用できます。
- contentDescriptionやonClickLabelを適切に指定して、トークバックの読み上げ内容をより良くすることができます。

第2部

Composeを使いこなす

第5章

Composeが
UIを構築する仕組み

UIの木構造や再コンポーズを理解して
応用力をつけよう

第5章 ComposeがUIを構築する仕組み
UIの木構造や再コンポーズを理解して応用力をつけよう

ここからは、Composeをより深く理解して使いこなすために必要な知識を解説していきます。本章では、ComposeがUIを構築する仕組みについて詳しく学びます。

5.1節では、コンポジションと呼ばれる、コンポーザブル関数が構築するUIの木構造について説明します。

5.2節では、再コンポーズによるコンポジションの更新について説明します。

5.3節では、再コンポーズを実行するかどうかの判定に必要な、安定という概念を説明します。

5.4節では、コンポーザブルの状態を保持するためのremember関数について詳しく説明します。

5.5節では、コルーチンによるKotlinの非同期処理について説明します。

5.6節では、コンポーザブル関数からUI構築以外の処理を行う方法について説明します。

5.7節では、コンポジション内でデータを共有する方法について説明します。

5.1 コンポジション —— コンポーザブルの木構造

コンポーザブル関数はメモリ上にUIを構築すると第2章で説明しました。本節では、UIを構築するとはどういうことなのかをもう少し詳しく見ていきましょう。

Composeフレームワークがコンポーザブル関数を実行すると、コンポーザブルの親子関係を表現する木構造をメモリ上に構築します。この木構造を**コンポジション**と呼びます。

次に示すコードは、LayoutAの下にLayoutBとLayoutCがあり、さらにその下にTextとImageがあるという階層構造になっています。このコードを実行すると、**図5.1**のようなコンポジションが構築されます。

図5.1 コンポジションの例

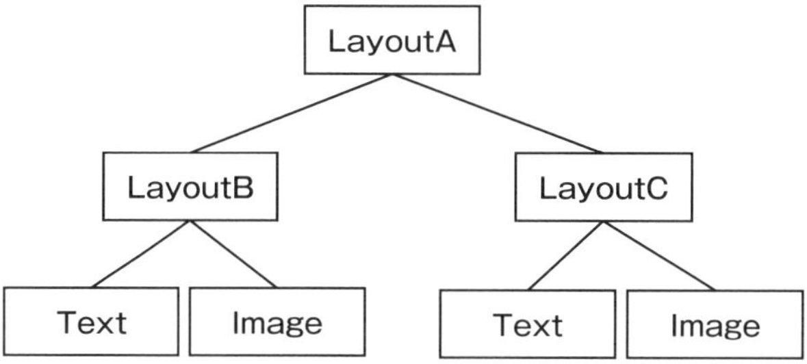


```
LayoutA {
    LayoutB {
        Text（省略）)
        Image（省略）)
    }
    LayoutC {
        Text（省略）)
        Image（省略）)
    }
}
```


コンポーザブル関数の役割

コンポーザブル関数の役割は、コンポジションを作成することと、状態が変化したときにコンポジションを更新することです。コンポーザブル関数を実行しても、画面に表示するUIそのものが作られるわけではありません。

実際に表示するUIを作成し描画するのは、Composeフレームワークの役割です。Composeフレームワークは、コンポジションからUIを作成します。コンポジションには、UI作成に必要な情報が全て含まれています。

コンポーザブル関数の内容が画面に表示されるまでの流れは**図5.2**のようになります。

図5.2 コンポーザブル関数とUI描画の関係

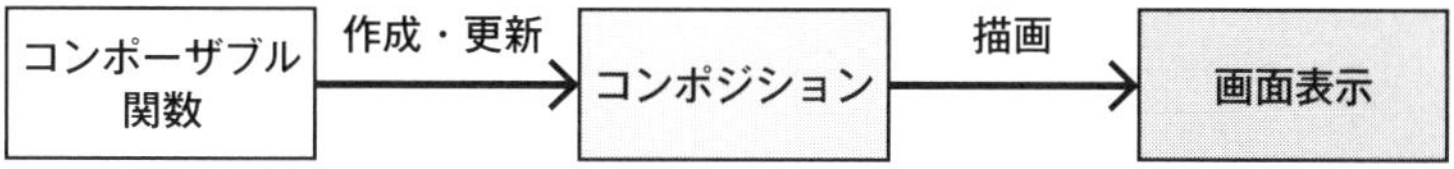

第5章 ComposeがUIを構築する仕組み
UIの木構造や再コンポーズを理解して応用力をつけよう

> **よく似た言葉の定義**
>
> よく似た言葉がいくつか登場しているので、言葉の定義を確認しておきましょう。
>
> ・コンポーザブル関数、コンポーザブル
>   ComposeのUIを記述した関数、また、それにより作成されるUI
> ・コンポジション
>   メモリ上に構築するコンポーザブルの木構造
> ・コンポーズ
>   コンポーザブル関数を実行してコンポジションを作成すること
> ・再コンポーズ
>   コンポーザブル関数を再実行してコンポジションを更新すること

コンポジションのルートノード

Composeには、コンポーザブル関数の呼び出しの起点となるエントリーポイントがあります。2.2節で確認したsetContentがその一つです。setContentはActivityのonCreateに記述し、ActivityのUIの記述のエントリーポイントとなります。

コンポジションは、エントリーポイントごとに作成されます。これは、エントリーポイントの直下に記述したコンポーザブルが、コンポジションの木構造のルートノードになることを意味します。

次の例では、setContentの直下にLayoutAコンポーザブルを記述しています。このときsetContentの中身が1つのコンポジションになり、LayoutAコンポーザブルがコンポジションのルートノードになります(**図5.3**)。

```
class MainActivity : ComponentActivity() {
    override fun onCreate(savedInstanceState: Bundle?) {
        (省略)
        setContent {
            LayoutA {
                Text((省略))
                Image((省略))
            }
        }
    }
}
```

図5.3　setContentの直下のコンポーザブルがコンポジションのルートノードになる

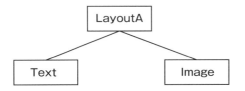

図5.4　コンポジションの生存期間はActivityの生存期間に一致する

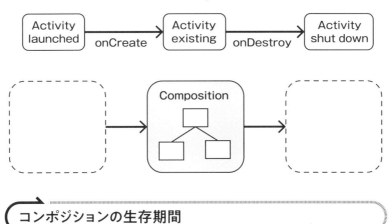

コンポジションの生存期間

ActivityのonCreate内でsetContentを用いて記述したコンポーザブルのコンポジションの生存期間は、Activityの生存期間に一致します（**図5.4**）。ActivityのonCreateでコンポジション全体が作成され、onDestroyでコンポジション全体が削除されます。Activityが一時的にバックグラウンドに移行しても（onPauseやonResumeを経ても）コンポジションは保持されますが、画面回転などでActivityが再作成されると、コンポジションも一度削除されて再作成されます。

5.2 再コンポーズ——コンポジションの更新

　コンポジションは、作成されてから削除されるまでの間に何度も更新されます。更新されたコンポジションの内容に従ってUIが描画されることによって、画面の表示が更新されます。

第**5**章 | ComposeがUIを構築する仕組み
UIの木構造や再コンポーズを理解して応用力をつけよう

コンポジションを更新する処理を再コンポーズと呼びます。本節では再コンポーズの処理を深掘りしていきます。

再コンポーズの起点と範囲

再コンポーズのきっかけを与えるのは、Stateの値の変更です。2.6節で説明したように、StateはComposeによって監視され、値が変化すると再コンポーズが実行されます。

再コンポーズは、処理を効率よく行うため、なるべく小さい範囲で実行されます。再コンポーズの起点となるのは、基本的には値が変化したStateを読み取っているコンポーザブル関数です。ただし、そのコンポーザブル関数がinlineの場合は、その親のコンポーザブル関数が起点になります。そして、起点となるコンポーザブル関数から呼び出されているコンポーザブル関数も再帰的に再コンポーズされます。

次の例では、LayoutAの下にLayoutBがあります。LayoutBの下のColumnでStateを定義し、読み取っています。このStateが変化した場合の再コンポーズの範囲を**図5.5**に示します。Columnはinline関数なので、再コンポーズの起点はLayoutBになり、再コンポーズの対象はLayoutB、Button、Textです。LayoutAはLayoutBよりも上の階層なので再コンポーズの範囲外です。

```
@Composable
fun LayoutA() {
    LayoutB()
}

@Composable
fun LayoutB() {
    Column {
        var count by remember { mutableIntStateOf(0) }
        Button(onClick = { count++ }) { Text("Button") }
        Text("count=$count")
    }
}
```

コンポーザブルは、コンポジションの木構造のノードに相当し、UIの表示に必要な情報を保持しています。再コンポーズは、コンポーザブルが保持する情報を最新状態に更新する処理と言えます。

上記のコードでは、例えばTextが表示する文字列を保持しており、その中

図5.5 再コンポーズの起点と範囲

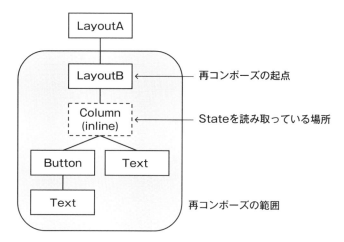

にcountの値が含まれています。countの値が変化して再コンポーズが実行されることによって、Textコンポーザブルが保持する文字列情報は、最新のcountの値に基づいたものに更新されます。

再コンポーズのスキップ

先ほど、再コンポーズの範囲は、Stateを読み取っているコンポーザブルから下の階層であると説明しました。しかし実際には、効率よく表示を更新するため、再コンポーズの範囲に含まれていても再コンポーズの対象外となるコンポーザブルがあります。これを、再コンポーズの**スキップ**と呼びます。

再コンポーズがスキップされる条件は、コンポーザブル関数の引数が変化していないことです。先ほどのLayoutBを以下のように変更します。

```
@Composable
fun LayoutB() {
    Column {
        var count by remember { mutableIntStateOf(0) }
        Button(onClick = { count++ }) { Text("Button") }
        Text("count=$count") ー❶
        Text("Skipped") ー❷
    }
}
```

countが変化したときの再コンポーズのスキップの状況を**図5.6**に示します。❶のTextは、引数でcountを参照しており、countが変化すると引数の値が

図5.6 再コンポーズのスキップ

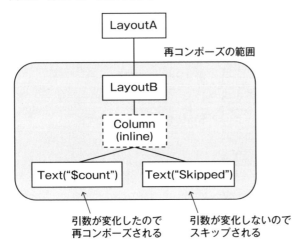

変化するので、再コンポーズされます。一方❷の Text("Skipped") は引数が変化しないため、再コンポーズがスキップされます。

なおButtonに関しては、クリックしたときのエフェクト表示のための再コンポーズも影響するので、簡単のために図からは除外しています。

コンポジションの構造の変更

再コンポーズは、コンポーザブルが保持する情報の更新だけでなく、コンポジションの木構造自体を更新する場合もあります。コンポーザブル関数の中でifやwhenなどの条件分岐を用いて、呼び出すコンポーザブル関数を変更した場合です。

次の例では、flagがtrueの場合は2つのTextを含んだRowを呼び出しますが、falseの場合はImageを呼び出しています。コンポジションは図5.7のようになります。flagの値によってコンポジションの構造の一部が変化しています。

```
Column {
    var flag by remember { mutableStateOf(false) }
    Button(onClick = { flag = !flag }) { Text("Button") }
    if (flag) {
        Row {
            Text((省略))
```

図5.7 コンポジションの構造の一部が入れ替わる

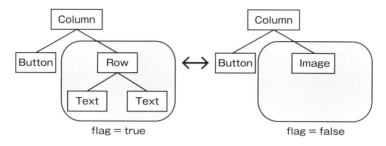

```
            Text((省略))
        }
    } else {
        Image((省略))
    }
}
```

　Row（とその下の階層のText）の生存期間はflagがtrueの期間、Imageの生存期間はflagがfalseの期間です。flagがtrueからfalseに変化すると、Rowはコンポジションから削除されることに注意してください。存在しているが表示されないのではありません。flagが再びtrueになった場合、Rowは再度作成されます。

5.3 型の安定とスキップの条件

　先ほど、再コンポーズがスキップされる条件はコンポーザブル関数の引数が変化していないことである、と説明しました。コンポーザブルは、コンポーズ実行時にコンポーザブル関数に渡された引数を記憶しています。記憶している前回の引数と今回の引数を比較して、変化があれば再コンポーズを実行し、変化がなければ再コンポーズをスキップします。
　では、「変化していない」とは具体的にどのような条件を意味するのでしょうか。本節では、値が変化したかどうかの判定に用いる「安定」の概念を説明し、再コンポーズのスキップの条件を詳しく説明します。

第5章 ComposeがUIを構築する仕組み

UIの木構造や再コンポーズを理解して応用力をつけよう

安定した型は変化が明確

コンポーザブル関数の引数が変化しているかどうかは、次の3つに分類できます。変化の有無は必ずしも2値で表すことができず、変化しているかどうかが明確ではない第3のケースがあることに注意してください。

・変化している
・変化していない
・変化しているかどうか明確ではない

第3のケースがあるかどうかは、引数の型によります。変化の有無が常に明確であり、変化しているかしていないかの2値で表現できる型を、**安定している**（Stable）といいます。逆に、変化しているかどうか明確ではない場合がある型を**不安定**といいます。

○ 安定した型の条件

型が安定であるための条件は下記の3つです。

ⓐ2つのオブジェクトが同じかどうかをequalsで確認できる
ⓑ公開プロパティの値の変化がコンポジションに通知される
ⓒ公開プロパティが安定である

ⓐの条件は、その型が適切なequalsの実装を持っていること、つまり、2つのオブジェクトが表す内容が同じかどうかを == で判定できることを意味します。この条件を満たす場合、Composeは新旧の引数をequalsで比較し、変化の有無を確認できます。

ⓑとⓒの条件は、公開プロパティに関する条件です。公開プロパティというのは、クラスやインターフェースのプロパティのうち外部から参照できる（privateでない）プロパティのことです。

コンポジションに通知されるとは、Composeフレームワークが変化を検出できるという意味であり、具体的にはStateやMutableStateなどを意味します。また、イミュータブル（不変）なプリミティブ型（Int、Float、Booleanなど）もこの条件を満たします。値が変化しないため通知自体が必要ないからです。

5.3 型の安定とスキップの条件

○ 安定した型と不安定な型の例

以下に、安定した型の例を示します。

- **プリミティブ型**(Int、Float、Boolean など)[注1]
- String
- MutableState、State
- **すべての公開プロパティがイミュータブルなプリミティブ型の data class**[注2]

プリミティブ型は安定しています。== で比較可能なので**ⓐ**の条件を満たしています。プロパティを持たないので、**ⓑ**、**ⓒ**の条件を考慮する必要はありません。

String も安定した型です。唯一の公開プロパティ length は変化しないので、**ⓑ**、**ⓒ**の条件を満たしています。

State や MutableState は安定した型とみなされます。値の変化を Compose フレームワークが検出できるため、**ⓑ**の条件を満たしています。

下記のような、全ての公開プロパティがイミュータブルなプリミティブ型の data class は安定しています。data class は自動的に equals が提供され、プロパティが比較されます。したがって**ⓐ**の条件を満たします。公開プロパティが変化しないので、**ⓑ**、**ⓒ**の条件も満たしています。

```
data class StableUser(
    val id: Int
)
```

一方、以下の data class は不安定です。userName が var で定義されており、変更される可能性がありますが、Compose フレームワークはこの変更を検出できません。そのため、**ⓑ**の条件を満たさず、不安定な型になります。

```
data class UnstableUser(
    val id: Int
    var userName: String
)
```

そのほか、不安定な型の代表例として、List や Set などのコレクションがあります。MutableList のように変更可能なコレクションはもちろんですが、

注1 Kotlin にはプリミティブ型は存在しませんが、ここでは「Skipping if the inputs haven't changed - developer.android.com」(https://developer.android.com/develop/ui/compose/lifecycle#skipping)の表記に合わせて、プリミティブ型という言葉を使用します。

注2 Compose コンパイラプラグインが有効なモジュール内で定義されている場合。

177

Listのように変更不可能なコレクションも不安定です。また、List<Int>のようにコレクションに格納する型が安定でも、コレクションとして扱うときは不安定になります。

コレクションが不安定な型として扱われる理由は、ListやSetなどがインターフェースだからです。変数や引数を変更不可能なListやSetで定義しても、実際に代入されるオブジェクトが変更可能である可能性があるため、これらは不安定な型として扱われます。

スキップの条件

再コンポーズをスキップするかどうかの判定基準は、Kotlin 2.0.20で変更されました。新しい判定基準ではスキップされる条件が拡大されるため、**Strong Skipping Mode**と呼ばれています。

図5.8に示すように、従来は、コンポーザブル関数の引数に1つでも不安定な型が含まれている時点で、スキップの対象外でした。一方のStrong Skipping Modeでは、引数に不安定な型が含まれていてもスキップする可能性があります。

下記にスキップの条件を記します。

- **従来（Kotlin 2.0.10以前）**
  - 全ての引数の型が安定である
  - 全ての引数について、前回と今回のオブジェクトを == で比較した結果が等しい
- **今後（Kotlin 2.0.20以降、Strong Skipping Mode）**
  - 全ての安定な引数について、前回と今回のオブジェクトを == で比較した結果が等しい
  - 全ての不安定な引数について、前回と今回のオブジェクトを === で比較した結果が等しい

== と === の違いを簡単に説明しておきましょう。== は equals で2つのオブジェクトを比較します。equals の実装はクラスによりますが、例えば data class では全てのプロパティを比較し、オブジェクトの内容が同じかどうかを確認します。一方の === は2つのオブジェクトのメモリアドレスを比較します。オブジェクトの中身は確認しません。

Strong Skipping Mode が導入された背景には、Compose フレームワークが重要視するポイントの変化があります。Compose が登場した当初は、パフォーマンスを多少犠牲にしてでも、確実に画面を更新することが重要だと考え

図5.8 再コンポーズをスキップする条件

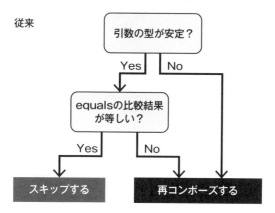

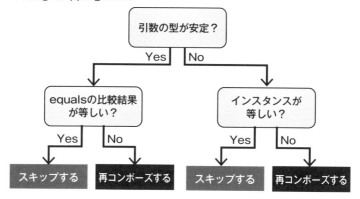

られてきました。しかし、ComposeのUIの設計パターンが確立され、状態が変化したときに意図どおりに画面を更新することは難しいことではなくなりました。一方でパフォーマンスが重要視されるようになり、開発者は不要な再コンポーズを抑制することに苦心するようになりました。そのため、Composeフレームワークとしての方針を転換し、冗長な再コンポーズを抑制して、パフォーマンスの改善が図られることになったのです。

下記のコードは、Strong Skipping Modeかどうかで挙動が変わります。

```
data class User(
    var userName: String ─❶
)
```

第5章 ComposeがUIを構築する仕組み
UIの木構造や再コンポーズを理解して応用力をつけよう

```
@Composable
fun SkippingModeSample() {
    var count by remember { mutableIntStateOf(0) }
    val user = remember { User(userName = "suzuki") }
    Column {
        Button(
            onClick = {
                count++
                user.userName = "tanaka"
            }
        ) { Text("Button") }
        CountComposable(count = count)
        UserComposable(user = user)    ―❷
    }
}

@Composable
fun CountComposable(count: Int) {
    Text("count=$count")
}

@Composable
fun UserComposable(user: User) {
    Text("userName=${user.userName}")
}
```

Userクラスには可変なプロパティuserNameがあるので不安定です(❶)。Userクラスのオブジェクトは、UserComposableに引数で渡されます(❷)。

countの変更により再コンポーズが実行されるときに、従来の仕組みであればUserComposableも再コンポーズされていましたが、Strong Skipping Modeではスキップされます。

このコードの問題は、Userクラスの変更をComposeが検出できないことです。Strong Skipping Modeが有効か無効かにかかわらず意図どおりに動作させるには、StateやMutableStateを適切に利用して、Composeが変化を検出できるようにする必要があります。

下記に修正例を示します。

```
data class User(
    val userName: String    ―❸
)

@Composable
fun SkippingModeSample() {
```

```
    var count by remember { mutableIntStateOf(0) }
    var user by remember { mutableStateOf(User(userName = "suzuki")) } ──④
    Column {
        Button(
            onClick = {
                count++
                user = user.copy(userName = "tanaka") ──⑤
            }
        ) { Text("Button") }
        CountComposable(count = count)
        UserComposable(user = user)
    }
}
```

　userNameを不変なプロパティに変更し（❸）、userをMutableStateで定義しています（❹）。userNameが不変なので、値を更新するときはUserオブジェクトを作り直しています（❺）。Userオブジェクト自体が新しくなることによって、MutableStateがuserの変化を検出するので、Strong Skipping ModeでもUserComposableが再コンポーズされます。

　フレームワークの方針転換に直面している現状において開発者が気をつけるべきことは、確実に表示が更新されるように実装することです。そのために、UI表示用のデータや状態を、Composeの作法に則って管理し、Composeフレームワークが検知できない部分で状態が変化しないように気をつけます。具体的な設計パターンは第6章で説明します。

5.4 コンポーザブルの状態の保持

　先ほど、状態を適切に扱うことの大切さを説明しましたが、状態を保持するために必要不可欠なAPIがrememberです。本節ではStateとrememberの関係について詳しく見ていきます。

　まずは2.6節で紹介した内容を簡単におさらいしておきましょう。

・Stateは数値や文字列などをラップする。ラップした値の変化はComposeフレームワークによって監視される

・Stateの値が変化すると、Composeフレームワークは再コンポーズを実行する

・MutableStateは外部から値を変更可能なStateである。UIの状態をMutableState

で定義し、イベントコールバックで値を変更すると、インタラクティブなUIを作成できる

・変更後の値を再コンポーズ後も保持するため、通常はMutableStateとrememberを組み合わせて利用する。rememberは、再コンポーズを超えて値をキャッシュする

再コンポーズを超えた状態の保持

　再コンポーズはコンポーザブル関数を再実行するので、単純なローカル変数は再コンポーズのたびに初期化されてしまいます。再コンポーズを超えてオブジェクトを保持するには、rememberを使う必要があります。

○ 値を返すコンポーザブル関数

　rememberの定義は下記のとおりです。@Composableアノテーションがついていて、戻り値が任意の型Tになっていることから、rememberは**値を返すコンポーザブル関数**であることが分かります。

```
@Composable
inline fun <T : Any?> remember(
    crossinline calculation: @DisallowComposableCalls () -> T
): T
```

　これまで、UIを作成するコンポーザブル関数は値を返さないと説明してきましたが、rememberのように、UIを作成せず、値を返すコンポーザブル関数も存在します。rememberで始まるコンポーザブル関数は、値を返します。

　rememberはコンポーザブル関数なので、UIを作成するコンポーザブル関数と同様に、コンポーザブル関数内で呼び出す必要があります。

　rememberの役割は、コンポジション内にデータのキャッシュを作成することです。rememberは、初回コンポーズでは、calculationを実行してその結果を返すとともに、結果をコンポジションに保存します。再コンポーズではcalculationは実行せず、代わりにコンポジションに保存したオブジェクトを読み出して返します。キャッシュを保存しているノードがコンポジションから削除されたり、コンポジション自体の生存期間が終了したりすると、キャッシュしたデータも消えます。

　次のコードは、rememberのラムダ内でランダムな値を取得し、Textに表示するコンポーザブル関数です。

図5.9 rememberはオブジェクトをコンポジションから読み書きする

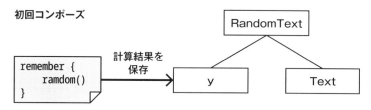

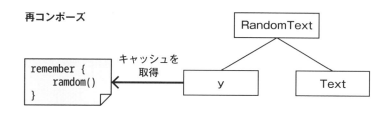

```
@Composable
fun RandomText(x: Int) {
    val y = remember { Math.random() }
    Text("x=$x y=$y")
}
```

　初回コンポーズでrememberのラムダが実行され、ランダムな値が算出されます。この計算結果はコンポジションに保存されます（**図5.9**の上側）。引数xの値が変化すると再コンポーズが実行されますが、このときはラムダは実行されず、rememberはコンポジションから値を読み出して返します（**図5.9**の下側）。結果として、Textに表示されるxの値は変化しますが、yの値は変化しません。

○ keyによる再評価タイミングの制御

　rememberには、下記のように引数にkeyを受け取るタイプも定義されています。この他にも複数のkeyを受け取るオーバーロードがいくつか定義されています。

```
@Composable
inline fun <T : Any?> remember(
    key1: Any?,
    crossinline calculation: @DisallowComposableCalls () -> T
): T
```

keyを使うと、初回コンポーズ以外のタイミングでcalculationを再実行できます。再コンポーズの実行時にkeyが変化していれば、calculationを再実行して新しい結果を返すとともに、コンポジションに保存している値も置き換えます。keyが変化していなければcalculationは実行せず、直近に保存した値を返します。

次のコードは、先ほどのRandomText関数にkeyを追加したバージョンです。xが変化して再コンポーズが実行される場合はyの値は変化しませんが、keyが変化して再コンポーズが実行される場合は、ラムダが再実行されるのでyの値が更新されます。

```
@Composable
fun RandomText(x: Int, key: Int) {
    val y = remember(key) { Math.random() }
    Text("x=$x y=$y key=$key")
}
```

Stateとrememberの関係

Stateとrememberは同時に使うことが多いAPIです。ここでは、混乱しやすいStateとrememberの関係について整理しておきましょう。

○ Stateはrememberが必須

コンポーザブル関数内で定義するStateは、rememberと組み合わせる必要があります。コンポーザブルの状態を表現するためにStateを使うので、コンポーザブルの生存期間とStateの生存期間が同じでなければならないからです。

もしrememberを使わずにStateを定義したら、再コンポーズのたびに値が初期化されてしまい、状態変数として利用できません。

次のコードは、rememberを使わずにMutableStateを定義しています。ボタンをクリックするとcountが変化して再コンポーズがトリガされます。しかし、再コンポーズ実行時にcountは0で初期化されるので、ボタンを何回クリックしても表示は更新されません。

```
@Composable
fun WithoutRememberSample() {
    var count by mutableIntStateOf(0)
    Column {
```

5.4 コンポーザブルの状態の保持

```
        Button(onClick = { count++ }) { (省略) }
        Text("count=$count")
    }
}
```

なお、Android Studioで上記のコードを記述すると、Creating a state object during composition without using remember という警告が表示されます。

○ rememberはState以外でも使用可

State は remember と一緒に使う必要がありますが、remember は必ずしも State と組み合わせる必要はありません。最初に一度だけ計算して、その結果を保持しておきたい場合に remember を使えます。

例えば、計算負荷が高いが再コンポーズでは変化しない値は、remember を使って保持すれば初回コンポーズの1回だけの実行で済みます。

```
val x = remember { computeComplexity() }
```

構成変更を超えた状態保持

remember は、デバイスの**構成変更**を超えて状態を保持することができません。構成変更とは、画面の向きの変化、アプリの表示サイズの変化、ダークモードの切り替えなど、アプリの実行に影響を与えるデバイスの状態の変更のことです。

構成変更が発生すると、実行中の Activity は破棄され、再作成されます。Activity が破棄されるとコンポジションが削除されるので、コンポジション内に保持されている remember のキャッシュも削除されます。これが、remember が構成変更を超えて状態を保持できない理由です。

一方、構成変更を超えて保持されることが望ましい状態もあります。ユーザー操作に関する以下のような状態は、構成変更を超えて保持すべき状態の代表例です。

・スクロール位置
・入力中のテキスト
・スイッチやスライダーの操作状態

昨今の Android は大画面デバイスやフォルダブルデバイスの登場に伴って

185

第5章 ComposeがUIを構築する仕組み
UIの木構造や再コンポーズを理解して応用力をつけよう

マルチタスク機能が充実しつつあるので、アプリの表示サイズ変更は以前より頻繁に発生するようになっています。構成変更が発生してもユーザーが快適にアプリを使い続けられるように、必要な状態を正しく保持しておくことが重要です。

● rememberSaveableによる状態保持

構成変更を超えてコンポーザブルの状態を保持するには、rememberSaveableを使います。次のコードでは、countをrememberSaveableで定義しています。そのため、画面を回転してもcountの値は維持され、表示内容も維持されます。

```
rememberSaveableの利用例
@Composable
fun RememberSaveableSample() {
    var count by rememberSaveable { mutableIntStateOf(0) }
    Button(onClick = { count++ }) { Text("count=$count") }
}
```

もしrememberSaveableの代わりにrememberを使うと、画面を回転するたびにcountの値は0になります。

なお、rememberSaveableは、SharedPreferenceやDataStoreのようなデータ永続化の仕組みではないことに注意してください。Activityの再作成ではデータを維持しますが、そのActivityが終了したタイミングでデータが消えるのはrememberと同じです。

● rememberSaveableで保存できる型

IntやStringなどの基本的な型は、rememberSaveableでそのまま保存できます。追加のコードは不要で、rememberと同じように記述できます。

```
val value1 = rememberSaveable { 1 }
val value2 = rememberSaveable { "hello" }
```

rememberSaveableはBundleにオブジェクトを保存します。Bundleはアプリのデータを一時保存するための入れ物で、IntやStringなどの基本的な型に加えて、Parcelableな型を保存できます。MutableStateはParcelableインターフェースを実装しているので、rememberSaveableで保存できます。

```
var value3 by rememberSaveable { mutableStateOf("") }
```

186

○ ParcelizeによるrememberSaveableへの対応

独自に定義したクラスをrememberSaveableで保存する方法はいくつかありますが、最も簡単なのは@Parcelizeアノテーションを利用する方法です。

次のコードでは、SomeClassをrememberSaveableで保存可能にするために、Parcelableインターフェースを実装しています。といっても必要なのは@Parcelizeをクラスに付与するだけです。

@Parcelizeアノテーションの利用例
```
@Parcelize
class SomeClass(
    val x: Int = 0,
    val y: String = ""
): Parcelable
```

このようにParcelableインターフェースを実装すると、基本的な型と同じようにrememberSaveableやMutableStateと組み合わせて利用できます。

```
val someObject1 = rememberSaveable { SomeClass() }
var someObject2 by rememberSaveable { mutableStateOf(SomeClass()) }
```

なお、@Parcelizeを利用するにはkotlin-parcelizeプラグインの追加が必要です。

libs.versions.toml
```
[plugins]
kotlin-parcelize = { id = "org.jetbrains.kotlin.plugin.parcelize", version.ref ↵
= "kotlin" }
```

build.gradle.kts(プロジェクト)
```
plugins {
    alias(libs.plugins.kotlin.parcelize) apply false
}
```

build.gradle.kts(:app)
```
plugins {
    alias(libs.plugins.kotlin.parcelize)
}
```

簡単にrememberSaveableに対応できる@Parcelizeですが、いくつかの制限事項もあります。プロパティは全てコンストラクタの引数で定義されている必要があります。また、IntやStringなど決められた型以外のプロパティが含まれている場合は、追加の実装が必要です。このような場合は、次に説明する独自のSaverを作成するほうが便利かもしれません。

● 独自のSaverによるrememberSaveableへの対応

もう一つの方法は、独自の Saver を定義する方法です。mapSaver を用いると、オブジェクトの復元に必要な値を Map 形式で保存できます（**❶**）。復元処理では Map から取り出した値を利用してオブジェクトを作成します（**❷**）。

```
Saverの実装例
class OtherClass(
    val x: Int = 0,
    val y: String = ""
) {
    companion object {
        val Saver = mapSaver(
            save = {
                mapOf("x" to it.x, "y" to it.y)  ─── ❶
            },
            restore = {
                val x = it["x"] as Int
                val y = it["y"] as String        ─── ❷
                OtherClass(x, y)
            }
        )
    }
}
```

このように独自の Saver を定義した場合は、rememberSaveable の引数に Saver を指定します。オブジェクトを直接使う場合は saver 引数に、MutableState と組み合わせて使う場合は stateSaver 引数に指定します。

```
Saverの利用例
val otherObject1 = rememberSaveable(saver = OtherClass.Saver) {
    OtherClass()
}
var otherObject2 by rememberSaveable(stateSaver = OtherClass.Saver) {
    mutableStateOf(OtherClass())
}
```

5.5 コルーチンによる非同期処理

ここで一度 Compose の話から離れて、コルーチンについて説明します。次節で扱うコンポーザブルの副作用を理解するために、コルーチンの知識が必

要だからです。コルーチンを既に知っている人は、本節を飛ばして次節に進んでも問題ありません。

コルーチンは、非同期処理の仕組みです。時間のかかる処理を中断し、後で続きから再開します。中断している間に別の処理を行うことによって、複数の処理を非同期で実行できます。Kotlin には Coroutines という公式ライブラリがあり、コルーチンをサポートしています。

アプリの開発において、UIの描画を止めるのは御法度です。画面の表示が止まったり、操作を受け付けない期間があったりすると、アプリのユーザー体験が損なわれるからです。UIの描画を止めないために、ネットワークアクセスのような時間がかかる処理は、非同期に実行する必要があります。

Compose も同じです。コンポーザブル関数内で時間のかかる処理を呼び出す場合は、コルーチンを使います。

コルーチンの使い方は奥が深く、網羅的に説明するには紙面が足りないので、本書では Compose で利用する部分に絞ってコルーチンの使い方を説明します。

suspend関数 —— コルーチンの実体

コルーチンの実体は、suspend 関数を含む処理のまとまりです。まずは suspend 関数とは何かから説明します。

指定した時間が経過するまで待機する delay という関数を例に説明していきます。下記のように記述すると、Start と出力してから1秒(1000ミリ秒)経過後に End と出力します。

```
println("Start")
delay(1000)
println("End")
```

この場合 delay の実行完了には1秒かかりますが、その間CPUがずっと何かの演算をしているわけではありません。ほとんどの時間は、ただ待っているだけです。そこで、やることがなくなったら処理を**中断**し、必要なときに処理を**再開**します(**図5.10**)。処理を中断している間は、別の処理を実行できます。

このように処理を中断できる関数を **suspend関数**と呼びます。delay は suspend関数です。

suspend関数を定義するには、suspend というキーワードを関数の前につけ

図5.10 処理の中断

ます。delayの定義は下記のとおりです。

```
suspend fun delay(timeMillis: Long)
```

　suspend関数は、suspend関数から呼び出す必要があります。なぜなら、呼び出し先の関数が中断している間、呼び出し元の関数もまた中断するからです。したがって、先ほどの例を関数にする場合は、delayを呼び出す側の関数もsuspend関数でなければなりません。

```
suspend fun delay1000() {
    println("Start")
    delay(1000)
    println("End")
}
```

　本節のはじめで、コルーチンとは中断と再開が可能な非同期処理の仕組みであると説明しました。中断と再開を可能にするのがsuspend関数であり、このdelay1000のようなsuspend関数を含む一連の処理が、コルーチンの実体です。

launchでコルーチンを起動する

　先ほど、suspend関数はsuspend関数から呼び出さなければならないと説明しました。しかしこれでは、1つでもsuspend関数を定義すると、それを呼び出す全ての関数をsuspend関数にしなければならなくなります。どこかで通常の関数からsuspend関数を呼び出す仕組みが必要です。その仕組みがlaunchです。
　launchは、それ自体はsuspend関数ではありませんが、引数にsuspend関数を受け取ります。launchに渡すラムダの中ではsuspend関数を呼び出すことができます。

図5.11 コルーチンの起動

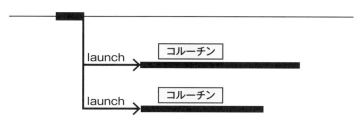

```
launch {
    println("Start")
    delay(1000)
    println("End")
}
```

launchに渡したラムダ内の処理が1つのコルーチンとして扱われます。launchはコルーチンを起動する処理と言えます。

launchが起動するコルーチンは非同期に実行されるので、複数のlaunchを記述すれば複数の処理を並列に実行できます。次のコードは、2つのlaunchの中でそれぞれログ出力とdelayを呼び出しています。

```
launch {
    println("Start 1")
    delay(1000)
    println("End 1")
}
launch {
    println("Start 2")
    delay(500)
    println("End 2")
}
```

実行結果を下記に示します。2つのコルーチンが並列に実行されていること、コルーチン内の処理は記述したとおりの順序で実行されていることが確認できます。図5.11のように、launchを呼び出した時点で処理が分岐して並列に実行されるイメージです。

```
Start 1
Start 2
End 2
End 1
```

このように、launchを起点としてコルーチンを起動し、suspend関数を実行することができます。

CoroutineScopeでコルーチンの実行環境を用意する

ここまで、launchを使うことによってコルーチンを起動できることを説明しました。ただし、コルーチンを起動するためにはもう一つ準備が必要です。

launchの定義を確認すると、CoroutineScopeの拡張関数になっています。つまり、launchを呼び出すにはCoroutineScopeが必要です。

CoroutineScope.launchの定義
```
fun CoroutineScope.launch(
    context: CoroutineContext = EmptyCoroutineContext,
    start: CoroutineStart = CoroutineStart.DEFAULT,
    block: suspend CoroutineScope.() -> Unit
): Job
```

CoroutineScopeは、コルーチンの実行環境を提供するスコープです。3.4節で、スコープとはある関数や変数などを参照可能な範囲であると説明しました。CoroutineScopeも同じように、コルーチンに関する処理を呼び出すことができる範囲を提供します。

CoroutineScopeが提供する最も重要な機能は、launchによるコルーチンの起動処理です。CoroutineScopeを作成してlaunchを呼び出す例を示します。

CoroutineScope.launchを呼び出す例
```
val scope = CoroutineScope(EmptyCoroutineContext)
scope.launch {
    println("start")
    delay(1000)
    println("end")
}
```

コンストラクタを呼び出してCoroutineScopeを作成し、launchを呼び出しています。コンストラクタに渡すのはCoroutineContextというコルーチンの実行環境の設定情報です。この例では、EmptyCoroutineContextという特別な指定を行わない空の設定情報を渡しています。

CoroutineContextには、コルーチンを実行するスレッドの指定などいくつかの情報を設定できます。ただ、ComposeのUIの実装の範囲では、自分でCoroutineContextを指定する必要はほとんどないので、本書ではCoroutineContextの説明は割愛します。

CoroutineScope が提供する機能には、もう一つ重要なものがあります。起動中のコルーチンをキャンセルする機能です。下記のコードは2つのコルーチンを起動しますが、直後に CoroutineScope ごとキャンセルしています。CoroutineScope に対してキャンセルを呼び出すと、その CoroutineScope の内部で起動したコルーチンは全てキャンセルされます。したがって、このコードを実行してもコンソールに「End」は出力されません。

```
val scope = CoroutineScope(EmptyCoroutineContext)
scope.launch {
    println("Start 1")
    delay(1000)
    println("End 1")
}
scope.launch {
    println("Start 2")
    delay(1000)
    println("End 2")
}
scope.cancel()
```

コルーチンがキャンセルできることは、UIを作成する上でも重要です。なぜなら、一般に、ある画面で起動したコルーチンはその画面が消えるときにキャンセルする必要があるからです。画面ごとに作成したコルーチンスコープでコルーチンを起動して非同期処理を実行し、画面が消えるときにそのコルーチンスコープをキャンセルすれば、複数のコルーチンが実行中だったとしても全てキャンセルできるので、非同期処理の管理が容易になります。

Composeにおけるコルーチン

ここまで、コルーチンを用いて非同期処理を記述するには、下記の手順が必要になることを説明しました。

❶ CoroutineScope でコルーチンの実行環境を作成する
❷ launch でコルーチンを起動する
❸ suspend 関数で中断可能な処理を記述する

Composeのコードでもこの手順は基本的に同じです。ただ、CoroutineScope のコンストラクタを直接呼び出すことはあまりしません。

Composeでは、rememberCoroutineScope や LaunchedEffect などの API を利

第5章 ComposeがUIを構築する仕組み
UIの木構造や再コンポーズを理解して応用力をつけよう

> **コラム** **コルーチンについてもっと知りたい方は**
>
> ここまでに説明した内容の他にも、コルーチンにはいろいろな機能があります。CoroutineContextの設定方法やエラーハンドリングなど、コルーチンについてもっと学びたい方には、「詳解 Kotlin Coroutines [2021] - Zenn」[a]が分かりやすいのでおすすめです。
>
> ----------
>
> 注a　https://zenn.dev/at_sushi_at/books/edf63219adfc31

用してコルーチンを起動します。これらのAPIの具体的な使い方は次節で説明します。

5.6 コンポーザブルの副作用

コルーチンについて理解できたところで、Composeの説明に戻ります。本章の前半で述べたように、コンポーザブル関数の役割は、初回コンポーズによりコンポジションを作成することと、再コンポーズによりコンポジションを更新することです。しかし現実のアプリでは、状態の更新やログの出力など、コンポーザブル関数内でさまざまな処理を行います。このような処理を副作用と呼びます。

副作用の定義

一般に、関数の実行が及ぼす影響のうち主たるものを**作用**と呼びます。コンポーザブル関数では、コンポジションの作成と更新を作用と考えます。そして、それ以外の部分に与える影響を**副作用**と呼びます（**図5.12**）。

コンポーザブル関数の副作用には次のようなものがあります。

- **状態の変更**
- **画面遷移**
- **ログ出力**
- **アプリのビジネスロジックの実行**

5.6 コンポーザブルの副作用

図5.12 コンポジション以外に影響を及ぼす処理を副作用と呼ぶ

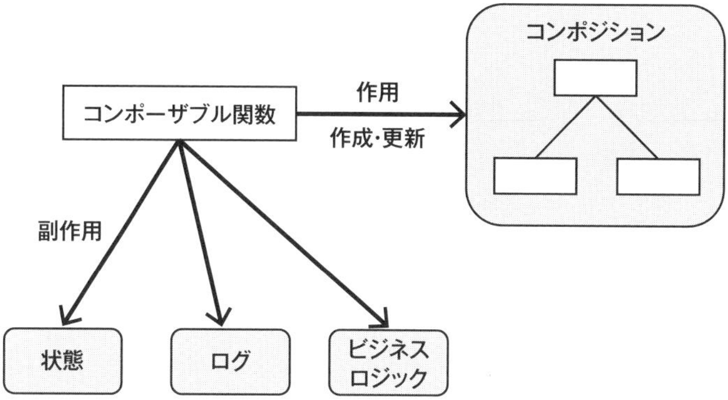

状態の変更は結果的にコンポジションの更新を引き起こしますが、ここで
は副作用として扱います。コンポーザブル関数の作用は、あくまで現在の状
態を元にコンポジションを作成および更新することと定義します。したがっ
て状態の変更は作用には含みません。

副作用を持たないコンポーザブル関数は、引数が同じなら、何度呼び出し
ても同じコンポジションを構築します。この特性を**冪等性（べきとうせい）**と
呼びます。

コンポーザブル関数の冪等性はとても重要な概念です。なぜならコンポー
ザブル関数は、再コンポーズのたびに何度も再実行されるからです。また、
冪等なコンポーザブル関数は、引数が決まれば動作が決まるので結果が予想
しやすく、コードも読みやすく、テストも容易です。全てのコンポーザブル
関数が冪等、つまり副作用を持たないのであれば理想的です。

しかし、現実のアプリには、副作用が必要です。ユーザーの操作に反応し
て状態を変更したり、別の画面に遷移したり、ビジネスロジックを実行して
ネットワークやストレージにアクセスしたりする必要があるからです。

そこで、副作用を適切なタイミングで確実に実行できるようにコードを記
述する必要があります。本節の残りの部分では、Composeライブラリが提供
する副作用APIの使い方を説明します。

SideEffect —— 毎回実行

初回コンポーズや再コンポーズのたびに実行したい処理は、SideEffectを
使って記述します。SideEffectのeffectは、コンポーズ完了後に毎回実行さ

第5章 | ComposeがUIを構築する仕組み
UIの木構造や再コンポーズを理解して応用力をつけよう

れます。

```
SideEffectの定義
@Composable
fun SideEffect(
    effect: () -> Unit
): Unit
```

　次のコードでは、CountDisplayコンポーザブル関数の引数countを
SideEffectを使ってログ出力しています。❶のCountDisplayは、countの値
が変化するたびに再コンポーズされるので、その都度SideEffectのラムダが
実行されてログが出力されます。一方❷のCountDisplayは再コンポーズされ
ないので、初回コンポーズ完了後に一度だけログが出力されます。

```
SideEffectの利用例
@Composable
fun CountDisplay(count: Int) {
    Text("count=$count")
    SideEffect { println("count=$count") }
}

@Composable
fun SideEffectSample() {
    Column {
        var count by remember { mutableIntStateOf(0) }
        Button(onClick = { count++ }) { Text("Button") }
        CountDisplay(count) ──❶
        CountDisplay(0) ──❷
    }
}
```

　SideEffectを使うメリットは、コンポーズおよび再コンポーズが正常に完
了した場合だけ、effectが実行されることが保証されていることです。コン
ポーザブル関数の実行タイミングや順序は、Composeフレームワークによっ
て隠蔽されています。複数スレッドから呼び出されたり、処理が競合して途
中でキャンセルされたりする可能性もあります。SideEffectはコンポーズが
成功した場合のみ実行されるので、不正な状態で副作用が実行されてしまう
ことを防げます。

　SideEffectは再コンポーズのたびに実行されるので、想定よりも多く呼び
出される可能性があることに注意してください。特にアニメーションのフレ
ームごとに再コンポーズが発生するような状況でSideEffectを利用すると、
effectが高頻度に実行されるので、処理負荷が高くならないように注意が必

要です。

　また次のように CountDisplay に引数が増えた場合、count の変更以外の要因で再コンポーズが実行される可能性があります。そうすると、同じ count の値に対して何度もログが出力されることになります。このような動作が望ましくない場合は、次に説明する LaunchedEffect の利用を検討します。

```
@Composable
fun CountDisplay(count1: Int, count2: Int) {
    Text("count1=$count1 count2=$count2")
    SideEffect { println("count1=$count1") }
}
```

LaunchedEffect ── 条件が変化したときに実行

　副作用が実行される条件をコントロールしたい場合は、LaunchedEffect が便利です。LaunchedEffect の定義は下記のとおりです。

LaunchedEffectの定義
```
@Composable
fun LaunchedEffect(
    key1: Any?,
    block: suspend CoroutineScope.() -> Unit
): Unit
```

　LaunchedEffect は以下の場合に block を実行します。

・初回コンポーズ

・再コンポーズ時に key が変化していた場合

　次のコードは、CountDisplay のログ出力を SideEffect から LaunchedEffect に変更しています。key には count1 を指定しているため、初回コンポーズと、count1 が変化した場合にログを出力します。count2 が変化して再コンポーズされた場合は、ログは出力されません。

LaunchedEffectの利用例
```
@Composable
fun CountDisplay(count1: Int, count2: Int) {
    Text("count1=$count1 count2=$count2")
    LaunchedEffect(count1) { println("count1=$count1") }
}

@Composable
fun LaunchedEffectSample() {
```

第5章 | ComposeがUIを構築する仕組み
UIの木構造や再コンポーズを理解して応用力をつけよう

```
    Column {
        var count1 by remember { mutableIntStateOf(0) }
        var count2 by remember { mutableIntStateOf(0) }
        Button(onClick = { count1++ }) { Text("Count1") }
        Button(onClick = { count2++ }) { Text("Count2") }
        CountDisplay(count1 = count1, count2 = count2)
    }
}
```

keyにUnitやtrueなどの変化しない値を指定すると、初回コンポーズのみ
副作用を実行できます。この書き方は、画面遷移後に一度だけログを出力し
たり、APIを呼び出したりするのに便利です。

```
LaunchedEffect(Unit) {
    (省略)
}
```

LaunchedEffectのblockはsuspend関数になっていることもポイントです。
アニメーションの処理など、時間のかかる処理をラムダ内に直接記述できる
ので便利です。

blockを実行するコルーチンスコープは、画面遷移などによってLaunched
Effectがコンポジションから削除されるときにキャンセルされます。コンポ
ジションの生存期間とコルーチンの生存期間が一致するので、画面が消えて
いるのにコルーチンの処理が動き続けるといった問題を避けることができま
す。また、keyが変化したときも実行中のコルーチンスコープがキャンセル
され、新しいコルーチンスコープでblockが再度実行されます。

DisposableEffect —— 後片付けが必要な処理

DisposableEffectはLaunchedEffectと似ていますが、コンポーザブルがコ
ンポジションから削除されるタイミングで追加の処理を実行できます。

DisposableEffectの定義
```
@Composable
fun DisposableEffect(
    key1: Any?,
    effect: DisposableEffectScope.() -> DisposableEffectResult
): Unit
```

DisposableEffectもLaunchedEffectと同様に、初回コンポーズとkeyが変
更になったタイミングでeffectが実行されます。LaunchedEffectとの違い

は、effectの内部でonDisposeを呼び出す必要があることです。

onDisposeには、コンポーザブルがコンポジションから削除されるときに実行したい処理を記述します。onDisposeは、DisposableEffectがコンポジションから削除されるタイミングと、keyが変更されるタイミングで実行されます。

次のコードでは、Messageコンポーザブル関数内でDisposableEffectを呼び出し、ログを出力しています。ボタンをタップするたびにMessageの表示と非表示が切り替わります。Messageが表示されるときに「Message Composed」が出力され、非表示になるときに「Message Disposed」が出力されます。

DisposableEffectの利用例
```
@Composable
fun Message() {
    Text("Hello")
    DisposableEffect(Unit) {
        println("Message Composed")
        onDispose {
            println("Message Disposed")
        }
    }
}


@Composable
fun DisposableEffectSample() {
    Column {
        var showMessage by remember { mutableStateOf(false) }
        Button(onClick = { showMessage = !showMessage }) { （省略） }
        if (showMessage) {
            Message()
        }
    }
}
```

コールバック関数内に副作用を記述

ButtonのonClickなど、UIイベントのコールバックにも副作用を記述できます。これまでに何度も登場したカウンターの例ではonClickでMutableStateの状態変数を変更していました。

```
@Composable
fun Counter() {
    var count by remember { mutableIntStateOf(0) }
    Button(onClick = { count++ }) {
```

```
        Text("count=$count")
    }
}
```

このようなコールバックを副作用と呼ぶかどうかは微妙なところです。な
ぜなら、初回コンポーズや再コンポーズによるコンポーザブル関数の実行の
時点では、コンポジションの外部に影響を与えないからです。

しかしコールバックは、コンポーザブルの状態を変更したり、ビジネスロ
ジックを実行したりするには適した場所です。コンポジションの外部に影響
を与える処理を記述できることから、本書ではコールバックも副作用として
扱うことにします。

コンポーザブル関数に副作用を直接記述（非推奨）

下記のように、UIに直接関係しない処理をコンポーザブル関数に直接記述
した時点で、この処理は副作用になります。このコードを実行すると、コン
ソールにログが出力されます。しかし、このような書き方は**推奨されません**。

```
@Composable
fun Hello() {
    Text("Hello")
    println("Composed")
}
```

SideEffectの項で説明したように、コンポーザブル関数が実行されるタイ
ミングや順序は、Composeフレームワークによって隠蔽されています。処理
が途中でキャンセルされる場合や、異なるスレッドで実行される可能性もあ
るとされています。そのため、コンポーザブル関数内に直接記述した副作用
は、期待どおりに動作しない可能性があります。一時的なデバッグ目的のロ
グ出力などを除き、このような書き方は避けてください。

また、コンポーザブル関数内でMutableStateを直接変更すると、無限ルー
プに陥りやすいので注意が必要です。例えば次のコードは、コンポーズによ
りcountが変化し、それによって再コンポーズが引き起こされ、またcountが
変化するという無限ループになります。

```
@Composable
fun Counter() {
    var count by remember { mutableIntStateOf(0) }
```

```
    count++ // NG
    Text("count=$count")
}
```

rememberCoroutineScope —— 副作用でsuspend関数を実行

SideEffect や DisposableEffect、UI イベントのコールバック関数内で
suspend関数を実行するには、rememberCoroutineScope を用いてコルーチン
スコープを作成します。

rememberCoroutineScopeの定義
```
@Composable
inline fun rememberCoroutineScope(
    （省略）
): CoroutineScope
```

なお LaunchedEffect のラムダは suspend 関数なので、わざわざコルーチン
スコープを用意しなくとも、ラムダ内で suspend 関数を呼び出せます。

次のコードは、ボタンをクリックしてから3秒後に文字の表示を切り替え
るサンプルです。rememberCoroutineScope はコンポーザブル関数なので、コ
ンポーザブル関数のスコープで呼び出す必要があります（❶）。作成した
CoroutineScope は、onClick ラムダ内で利用しています（❷）。onClick ラムダ
はコンポーザブル関数ではない通常の関数ですが、rememberCoroutineScope
が返した CoroutineScope を使うことによって、コンポジションの生存期間が
終了するタイミングに合わせてコルーチンがキャンセルされます。

rememberCoroutineScopeの利用例
```
@Composable
fun CoroutineScopeSample() {
    val scope = rememberCoroutineScope() —❶
    var text by remember { mutableStateOf("Hello") }
    Column {
        Button(onClick = {
            scope.launch { —❷
                delay(3000)
                text = "Hello, Compose"
            }
        }) { （省略） }
        Text(text)
    }
}
```

Composeが UI を構築する仕組み

第 **5** 章 UIの木構造や再コンポーズを理解して応用力をつけよう

rememberUpdatedState —— 副作用で参照する値を更新

　副作用APIやコールバック関数内で実行中のコルーチンから、コンポジションの最新の値を参照したい場合は、rememberUpdatedStateを使います。

rememberUpdatedStateの定義
```
@Composable
fun <T> rememberUpdatedState(newValue: T): State<T>
```

　rememberUpdatedStateは例を見る方が理解しやすいです。次のコードでは、Buttonをクリックするたびにcountの値が変化します。PrintCountAfterDelayは、画面表示から一定時間後に、その時点のcountの値をログ出力するものとします。

```
@Composable
fun RememberUpdatedStateSample() {
    var count by remember { mutableIntStateOf(0) }
    Column {
        Button(onClick = { count++ }) { （省略） }
        PrintCountAfterDelay(count = count)
    }
}
```

　まずはrememberUpdatedStateを使わずにPrintCountAfterDelayを実装するとどうなるか考えます。次のコードは、LaunchedEffectで3秒待機した後でcountの値を出力しています。

```
@Composable
fun PrintCountAfterDelay(count: Int) {
    LaunchedEffect(Unit) {
        delay(3000)
        println("count=$count")
    }
}
```

　このコードを実行すると、初回コンポーズでLaunchedEffectのコルーチンが起動され、countは値が0の状態でキャプチャされます。その後countの値が変化して再コンポーズが実行されても、LaunchedEffectのkeyがUnitなので、コルーチンはキャンセルされず動き続けます。結果として、3秒経過後に0が出力されます。これでは、その時点の最新のcountを表示するという要求を満たせていません。

　では、countの値が反映されるように、LaunchedEffectのkeyにcountを指

定するとどうなるでしょうか。

```
@Composable
fun PrintCountAfterDelay(count: Int) {
    LaunchedEffect(count) {
        delay(3000)
        println("count=$count")
    }
}
```

　今度は、countが変化するとコルーチンが再起動され、その時点のcountの
値がキャプチャされます。出力されるcountの値は、その時点の最新の値に
なります。しかし、ボタンを1秒に1回押し続けると、そのたびにコルーチ
ンがキャンセルされるので、いつまで経ってもログが出力されません。

　これらの問題を解決するのがrememberUpdatedStateです。rememberUpdated
Stateは、任意の値をStateでラップし、suspend関数から最新の値を取得で
きるようにします。

rememberUpdatedStateの利用例
```
@Composable
fun PrintCountAfterDelay(count: Int) {
    val updatedCount by rememberUpdatedState(newValue = count)
    LaunchedEffect(Unit) {
        delay(3000)
        println("count=$updatedCount")
    }
}
```

　このコードでは、countをラップしたupdatedCountを作成し、コルーチン
内部から参照しています。rememberUpdatedStateは再コンポーズのたびに実
行されるので、updatedCountは常に最新の値を参照します。LaunchedEffect
のkeyはUnitなのでコルーチンは再起動しませんが、コルーチンから最新の
countの値を参照できます。結果として、初回コンポーズから3秒後に、その
時点の最新のcountの値が出力されます。

Composeの作用と副作用の境界

　副作用のあるコンポーザブル関数では、コンポーザブル関数のルールが適
用されるスコープと、通常の関数のスコープが1つの関数の中に混在するこ
とになります。コードを記述するときはコンポーザブル関数と通常関数の境
界を意識し、副作用は通常関数のスコープに書くように注意します。

第5章 | ComposeがUIを構築する仕組み

UIの木構造や再コンポーズを理解して応用力をつけよう

LaunchedEffectなどの本節で紹介した副作用APIは、それ自体はコンポーザブル関数なので、コンポーザブル関数のスコープから呼び出す必要があります。しかし、その引数のラムダは通常関数なので副作用を記述できます。

rememberCoroutineScopeもコンポーザブル関数です。コンポーザブル関数のスコープで呼び出すことによって、コンポーザブルのライフサイクルを反映したコルーチンスコープを取得できます。しかし、取得したコルーチンスコープを使うのは通常関数のスコープです。

次のコードはボタンをクリックして1秒後に表示を更新するカウンターのコードです。また、画面が表示されてから10秒経過後に、その時点の数値をログに出力します。

```
@Composable
fun DelayedCounter() {
    var count by remember { mutableIntStateOf(0) }
    val scope = rememberCoroutineScope()
    Column {
        Button(
            onClick = {
                scope.launch {
                    delay(1000)
                    count++            ❶
                }
            }
        ) { Text("Button") }
        Text("count=$count")
    }
    LaunchedEffect(Unit) {
        delay(10000)
        println("count=$count")        ❷
    }
}
```

この関数における通常関数のスコープは❶と❷のラムダ内です。副作用はここに記述します。

❶と❷以外はコンポーザブル関数のスコープです。コンポーザブル関数のスコープでrememberCoroutineScopeによりコルーチンスコープを取得し、通常関数のスコープでそれを利用しています。LaunchedEffectもコンポーザブル関数のスコープで呼び出されています。

204

5.7 コンポジション内のデータ共有

本章の最後に、コンポジション内でデータを共有する2種類の方法について説明します。

1つめは引数を用いてコンポーザブル間で順々にデータを受け渡す方法で、これまでのサンプルコードでもたびたび利用してきた方法です。2つめはCompositionLocalという仕組みによるデータの共有で、コンポジション内の全てのコンポーザブルからグローバル変数のように利用できる方法です。

引数による単方向データフロー

コンポジション内では、状態は木構造の上から下へ伝わり、イベントは下から上へ伝わるという原則があります（図5.13）。この原則を**単方向データフロー**（Unidirectional Data Flow、UDF）と呼びます。

単方向データフローは、コンポーザブル関数の引数を用いて実現されます。状態は、引数によってコンポーザブル関数の呼び出し元から呼び出し先へと伝えられます。イベントは、コールバックによって呼び出し元へ伝えられます。

次のコードは、Switchの実装例です。UdfSampleで定義した状態をSwitchにchecked引数で渡しています。Switchを操作したときに発生するイベントは、onCheckedChangeコールバック引数でUdfSampleに伝えています。状態が上から下へ、イベントが下から上へ伝わる単方向データフローに従っていることが分かります（図5.14）。

図5.13　単方向データフロー

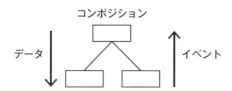

図5.14 Switchのデータフロー

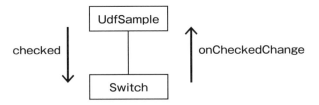

```
@Composable
fun UdfSample() {
    var checked by remember { mutableStateOf(false) }
    val onCheckedChange: (Boolean) -> Unit = { checked = it }
    Switch(
        checked = checked,
        onCheckedChange = onCheckedChange
    )
}
```

CompositionLocalによるデータの共有

コンポジション内のデータ共有にはCompositionLocalを用いる方法もあります。CompositionLocalを使うと、コンポジションの木構造を構成する全てのコンポーザブルから同じデータを参照できます。したがって、引数を使わずにコンポーザブル間でデータを共有できます。

CompositionLocalはグローバル変数のようなものです。適切に利用することによって、コンポジション全体でコンポーザブルのスタイルや挙動を統一できます。一方で乱用するとコードの可読性やメンテナンス性が下がるので注意が必要です。コンポジションの木構造の広い範囲で同じ値が必要で、値を変更する要因が限定されている場合にCompositionLocalを利用するとよいでしょう。

Composeの標準ライブラリでは下記のようなデータをCompositionLocalで定義しています。

・マテリアルデザインに則った色やスタイルのデフォルト値
・アプリやデバイスの固有値

TextやButtonなどの見た目がコンポジション全体で統一されるのは、マテリアルデザインに則った色やスタイルがCompositionLocalを利用して共有されているからです。これらは基本的にアプリや画面の全体で同じ値を利用す

るため、CompositionLocalが利用されています。

また、アプリのContextや、デバイスのピクセル密度などの値がComposition Localで提供されています。これらはアプリやデバイスに固有の値で、コンポーザブル内で変化しないため、CompositionLocalが利用されています。

◯ CompositionLocalから値を取得する

定義済みのCompositionLocalから値を取得するのは簡単です。currentプロパティを用いて、そのコンポーザブルの位置におけるCompositionLocalの値を取得できます。

例えばアプリのContextはLocalContextに格納されています。下記のようにして、任意のコンポーザブル関数からContextを取得できます。

```
@Composable
fun UseContextSample() {
    val context = LocalContext.current
}
```

◯ CompositionLocalを定義する

次に、CompositionLocalを自分で定義して、コンポジション全体で利用する方法を説明します。ここでは、UIのさまざまな部分で同じ枠線を描画することを想定します。

compositionLocalOfの利用例
```
val LocalBorderStroke = compositionLocalOf {
    BorderStroke(width = 1.dp, brush = SolidColor(Color.Black))
}

@Composable
fun CompositionLocalSample() {
    Text(
        text = "Hello",
        modifier = Modifier.border(LocalBorderStroke.current)
    )
}
```

まず、値を格納する変数をLocalBorderStrokeとして定義しています。任意のコンポーザブル関数から参照できるように、トップレベルの変数として定義します。変数名は、CompositionLocalを利用していることが一目で分かるようにLocalで始めます。

CompositionLocalの初期化はcompositionLocalOfを用います。ラムダが返

図5.15　CompositionLocalSampleの実行結果

図5.16　CompositionLocalProviderによる値の上書き

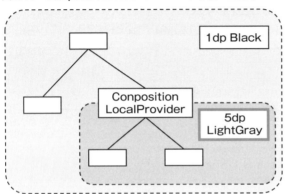

す値が、コンポーザブル関数から参照できる値になります。ただし、値がほとんど変化しない場合は、staticCompositionLocalOfを用いるとパフォーマンスを改善できます。

こうして定義したLocalBorderStrokeは、任意のコンポーザブル関数から参照できます。currentプロパティ経由で、初期化時に指定した値を取得できます。CompositionLocalSampleの実行結果は**図5.15**のようになります。

○ CompositionLocalの値を上書きする

コンポジションの木構造の一部で別の値を使いたい場合は、CompositionLocalProviderを用いてCompositionLocalの値を書き換えます。CompositionLocalProviderより下のノードでは書き換えた値が参照され、上のノードでは初期化時に設定した値が参照されます（**図5.16**）。

次のコードでは、CompositionLocalProviderを使い、前項で定義したLocalBorderStrokeの値を書き換えています。

```
CompositionLocalProviderの利用例
@Composable
fun CompositionLocalProviderSample() {
    Column {
```

図5.17 CompositionLocalProviderSampleの実行結果

```
Text(
    text = "Hello",
    modifier = Modifier.border(LocalBorderStroke.current)
)
CompositionLocalProvider(
    LocalBorderStroke provides BorderStroke(
        width = 5.dp,
        brush = SolidColor(Color.LightGray)
    )
) {
    Text(
        text = "Compose",
        modifier = Modifier.border(LocalBorderStroke.current)
    )
}
```

結果は図5.17に示すとおり、CompositionLocalProviderより上の階層ではデフォルトの黒色の細い枠線が表示され、下の階層ではCompositionLocalProviderで指定した灰色の太い枠線が表示されます。

5.8 まとめ

本章では、Composeのいろいろな概念について学び、ComposeがUIを構築する仕組みについて理解を深めました。

・コンポーザブル関数の役割は、メモリ上にコンポジションと呼ばれるUIの木構造を構築することと、状態が変化したときにコンポジションを更新することです。

第5章 ComposeがUIを構築する仕組み
UIの木構造や再コンポーズを理解して応用力をつけよう

・再コンポーズは、コンポジションを更新することです。状態の変化が再コンポーズを発生させます。

・コンポーザブル関数の引数が変化していない場合、再コンポーズはスキップされます。引数の型が安定している場合は、変化したかどうかが明確になります。従来は変化していないことが明確な場合に限ってスキップしていましたが、Kotlin 2.0.20以降ではスキップの条件が拡大されました。

・コンポーザブル関数の状態は、再コンポーズを超えて保持する必要があるため、rememberを用いて定義します。rememberはコンポジションに値をキャッシュします。

・コルーチンを使うと非同期処理を実装できます。CoroutineScopeで実行環境を用意し、launchで起動し、suspend関数で処理を実行します。Composeには、コンポジションの生存期間が終了するときにコルーチンをキャンセルする仕組みが用意されています。

・コンポーザブル関数内の処理のうち、コンポジションの構築と更新以外の影響を与える処理を副作用と呼びます。副作用は、副作用記述用のAPIを用いて記述するか、コールバック関数内に記述します。

・コンポジション内のデータ共有は、単方向データフローの原則に従って引数で受け渡す方法と、CompositionLocalを用いてコンポジション全体でデータを共有する方法があります。

第2部

Composeを使いこなす

第6章

Composeアプリの設計パターン

コンポーザブル関数が
利用する状態の定義方法と、
データの流れを理解しよう

第6章 Composeアプリの設計パターン
コンポーザブル関数が利用する状態の定義方法と、データの流れを理解しよう

本章では、コンポーザブル関数が利用する状態の定義方法とデータの流れに着目して、Composeアプリの設計パターンを説明します。

6.1節では、コンポーザブル関数の状態を定義する場所を工夫し、再利用しやすいUIコンポーネントを作成する方法を説明します。

6.2節では、複雑な状態をクラスにまとめて、コンポーザブル関数の見通しをよくする方法を説明します。

6.3節では、KotlinのFlowについて説明します。FlowはComposeのUIにデータを受け渡すために利用します。

6.4節では、画面全体の状態を扱うUiStateの作り方を説明します。

6.5節から6.7節では、ComposeアプリにおけるMVVMアーキテクチャの適用方法を説明し、コンポーザブル関数が利用する状態の定義方法やデータの流れを説明します。

6.1 状態を定義する場所

アプリのUIが複雑になると、状態を複数のコンポーザブル関数で共有する必要が出てきます。1つの状態が画面のいろいろな場所から参照され、いろいろなイベントによって更新されるためです。このような場合、状態を定義する場所が重要になります。

本節ではまず、状態を持つコンポーザブル関数と状態を持たないコンポーザブル関数の違いを説明します。その後、コンポジションの木構造のどこに状態を定義すると良いのかを説明します。

ステートフルなコンポーザブル関数

UIイベントによって変更される状態は、MutableStateを用いて表現します。内部でMutableStateを定義しているコンポーザブル関数を、状態を持つという意味で、**ステートフル**なコンポーザブル関数と呼びます。

次に示すStatefulSwitchのコードは、クリックするたびに色と文字列がトグルするスイッチの例です（**図6.1**）。このコンポーザブル関数は内部にMutableStateを持っているので、ステートフルです。

6.1 状態を定義する場所

図6.1　StatefulSwitchの実行結果

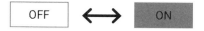

```
@Composable
fun StatefulSwitch() {
    var enabled by remember { mutableStateOf(false) }
    Box(
        (省略)
        modifier = Modifier
            (省略)
            .background(color = if (enabled) Color.Green else Color.White)
            .clickable { enabled = !enabled }
    ) {
        Text(text = if (enabled) "ON" else "OFF")
    }
}
```

　この関数の呼び出し元のコードは下記のようになり、状態はStatefulSwitchに隠蔽されます。

```
@Composable
fun MySwitchSample() {
    StatefulSwitch()
}
```

ステートレスなコンポーザブル関数

　ステートフルなコンポーザブル関数に対して、内部に状態を持たないものを、**ステートレス**なコンポーザブル関数と呼びます。ステートフルなコンポーザブル関数は、以下のようにステートレスに変更できます。

- 状態を内部で定義する代わりに、呼び出し元から引数で受け取る
- 状態を内部で変更する代わりに、呼び出し元にコールバックを返す

　次に示すStatelessSwitchのコードは、前項のStatefulSwitchをステートレスに変更した例です。スイッチの状態をenabled引数で受け取り、クリックイベントをonEnabledChangeで呼び出し元に返しています。

```
@Composable
fun StatelessSwitch(enabled: Boolean, onEnabledChange: (Boolean) -> Unit) {
    Box(
```

第6章 Composeアプリの設計パターン
コンポーザブル関数が利用する状態の定義方法と、データの流れを理解しよう

```
    (省略)
    modifier = Modifier
        (省略)
            .background(color = if (enabled) Color.Green else Color.White)
            .clickable { onEnabledChange(!enabled) }
) {
    Text(text = if (enabled) "ON" else "OFF")
}
}
```

状態は、下記のコードに示すように、呼び出し元で定義します。

```
@Composable
fun MySwitchSample() {
    var enabled by remember { mutableStateOf(false) }
    StatelessSwitch(
        enabled = enabled,
        onEnabledChange = { enabled = it }
    )
}
```

状態ホイスティング —— 状態を上位のコンポーザブルに移動する

状態を定義する場所を上位のコンポーザブルに移動することを、**状態ホイスティング**（State Hoisting）と呼びます。ホイスティングは、引き上げる、押し上げるなどの意味を持ちます。

図6.2は、先述したStatefulSwitchとStatelessSwitchの状態の扱いを比較したものです。図の左側のStatefulSwitchでは、スイッチのコンポーザブルが状態を持っていました。図の右側のStatelessSwitchでは、状態ホイスティングにより、状態が上位のMySwitchSampleに移動しました。これに伴い、上位のコンポーザブルから下位のコンポーザブルに状態を渡し、下位のコンポーザブルから上位のコンポーザブルにイベントを渡すようになりました。このときの状態とイベントが伝わる方向は、前章で紹介した単方向データフローに従います。

図6.2 Switchの状態ホイスティング

再利用可能なコンポーザブル関数

状態ホイスティングによってコンポーザブル関数をステートレスにすると、状態を関数の呼び出し側で制御できます。その結果、コンポーザブル関数をUIコンポーネントとして再利用しやすくなります。

例えば先述のスイッチをアプリ内のいろいろな場所で利用しようとすると、以下のような要求が出ることが考えられます。ステートレスなStatelessSwitchであれば、これらの要求に応えられます。

- スイッチの初期値を変更したい
- スイッチの状態を他のコンポーザブルから参照または変更したい
- クリックイベントが発生したときに、副作用を実行したい

図6.3はStatelessSwitchを利用したUIの例です。2つの通知設定それぞれにONとOFFを切り替えるスイッチがあります。設定を初期値に戻すボタンは、設定値が初期値から変更されている場合のみ有効になります。

コードは下記のとおりです。StatelessSwitchをUIコンポーネントとして利用して、NotificationSettingsというコンポーザブル関数を実装しました。

```
@Composable
fun NotificationSettings() {
    Column( (省略) ) {
        var push by remember { mutableStateOf(true) }    ─┐
        var mail by remember { mutableStateOf(false) }   ─┴❶
        Row( (省略) ) {
            Text("プッシュ通知", (省略) )
            StatelessSwitch(
                enabled = push,
                onEnabledChange = { push = !push }
            )
        }
        Row( (省略) ) {
```

図6.3 通知設定のUI

```
            Text("メール通知", （省略）)
            StatelessSwitch(
                enabled = mail,
                onEnabledChange = { mail = !mail }
            )
        }
        ResetButton(
            push = push,
            mail = mail,
            onResetClick = {
                push = true
                mail = false
            }
        )
    }
}

@Composable
fun ResetButton(push: Boolean, mail: Boolean, onResetClick: () -> Unit) {
    val enabled = !push || mail
    TextButton(onClick = onResetClick, enabled = enabled) {
        Text("初期値に戻す")
    }
}
```

　2つのボタンは初期値が異なりますが、状態をStatelessSwitchの外側（❶）
で定義しているので、StatelessSwitchを共通コンポーネントとして利用で
きます。また、状態をColumnの階層までホイスティングしているので、Column
の下のResetButtonで状態を参照できます。

共通の親コンポーザブルに状態を定義

　状態を定義する場所として適切なのは、その状態を参照するコンポーザブ
ルの共通の親コンポーザブルです。

　図6.4は、先ほどのNotificationSettingsのコンポーザブルの木構造を表
したものです。状態を参照するのは、2つのStatelessSwitchと、ResetButton
の下のTextButtonでした。これらのコンポーザブルから状態を参照できるよ
うに、共通の親コンポーザブルであるColumnに状態を定義していました。

○ 状態は定義した場所で更新する

　状態を更新する場所は、その状態を定義したコンポーザブル関数のスコー

図6.4　共通の親コンポーザブルに状態を定義する

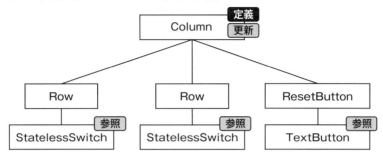

プに限定します。これは、コンポーザブル関数の引数に、MutableStateではなく、その値を渡すことを意味します。

先ほどのコードを再度確認します。pushおよびmailはNotificationSettingsコンポーザブル関数でMutableStateとして定義し、ResetButtonにはBoolean値として渡していました。こうすることによって、pushおよびmailを変更できるスコープをNotificationSettingsに限定しています。ResetButtonの内部ではこれらの値を変更できないので、コールバックによりNotificationSettingsのスコープで更新しています。

```
@Composable
fun NotificationSettings() {
    Column {
        var push by remember { mutableStateOf(true) }
        var mail by remember { mutableStateOf(false) }
        （省略）
        ResetButton(
            push = push,
            mail = mail,
            onResetClick = {
                push = true
                mail = false
            }
        )
    }
}

@Composable
fun ResetButton(push: Boolean, mail: Boolean, onResetClick: () -> Unit) {
    （省略）
}
```

仮に、以下のようにMutableStateをResetButtonに渡すと、ResetButton

の内部で状態を更新できてしまいます。このような実装は、状態遷移の全体像の把握を困難にするので避けるべきです。

```
@Composable
fun NotificationSettings() {
    Column {
        var push = remember { mutableStateOf(true) }
        var mail = remember { mutableStateOf(false) }
        （省略）
        ResetButton(push = push, mail = mail)
    }
}

@Composable
fun ResetButton(push: MutableState<Boolean>, mail: MutableState<Boolean>) {
    TextButton(
        onClick = {
            push.value = true
            mail.value = false
        },
        （省略）
    )
}
```

なお、NotificationSettingsの例ではrememberを用いてコンポーザブル関数内で状態を定義していましたが、実際のアプリでは設定値をストレージやサーバーから取得します。そのような場合は、状態をさらにホイスティングして、ViewModelで状態を定義することになります。ViewModelについては6.5節で詳しく説明します。

ただし、何でもホイスティングすればよいというものではありません。必要以上のホイスティングは、状態の定義場所と利用場所を離すことになり、可読性を低下させます。その状態を必要とする場所に定義することを基本として、必要な分だけホイスティングします。

6.2 複雑な状態のカプセル化

関連する情報を1か所にまとめるのは、UIに限らずプログラミングの基本です。もちろんComposeのプログラミングでも同じです。本節では、UIを表現するための複雑な状態をクラスに隠蔽し、コンポーザブル関数の見通しを

6.2 複雑な状態のカプセル化

よくする方法を説明します。

UI ロジックのコンポーザブル外への分離

次のコードの ColorfulBox は、クリックするたびに矩形の塗りつぶしの色と枠線の色が変化するコンポーザブルです（図 6.5）。

```
@Composable
fun ColorfulBox(modifier: Modifier = Modifier) {
    var fillColor by remember { mutableStateOf(Color.Red) }
    var borderColor by remember { mutableStateOf(Color.Black) }
    Box(
        modifier = modifier
            .background(fillColor)
            .border(width = 5.dp, color = borderColor)
            .clickable {
                fillColor = Color(
                    red = random().toFloat(),
                    green = random().toFloat(),
                    blue = random().toFloat()
                )
                borderColor = Color(
                    red = random().toFloat(),
                    green = random().toFloat(),
                    blue = random().toFloat()
                )
            }
    )
}
```

このコードでは、fillColor と borderColor の 2 つの状態で Box の見た目をコントロールしています。clickable ラムダには、これらの 2 つの状態を変更する処理を書いています。

このコードの改善点は次の 2 つです。

図 6.5　クリックするたびに色が変化する矩形

第6章 Composeアプリの設計パターン
コンポーザブル関数が利用する状態の定義方法と、データの流れを理解しよう

- **状態を1つにまとめる**
  1つのUIコンポーネントを表現するための情報は、1つのクラスにまとめる。先ほどの例ではfillColorとborderColorの2つの状態が個別に定義されていたが、今後のコードの変更によって、どちらかがホイスティングされてしまうかもしれない。そうなると、状態が複数のコンポーザブル関数に分散してしまう。関連する状態を1つのクラスにまとめることによって、凝集度を上げてコードの見通しをよくする

- **UIに書くロジックを必要最小限にする**
  コンポーザブル関数は、UIの構造を表現することに注力する。クリックなどのUIイベントの処理はあくまで副作用なのでなるべく簡潔に記述し、コードからUIの構造を推測しやすくする

これらを踏まえて、ColorfulBoxの状態とロジックをカプセル化したのが、次に示すColorfulBoxStateです。

```
class ColorfulBoxState(initialFillColor: Color, initialBorderColor: Color) {
    var fillColor by mutableStateOf(initialFillColor)
        private set

    var borderColor by mutableStateOf(initialBorderColor)
        private set

    fun update() {
        fillColor = Color(
            red = random().toFloat(),
            green = random().toFloat(),
            blue = random().toFloat()
        )
        borderColor = Color(
            red = random().toFloat(),
            green = random().toFloat(),
            blue = random().toFloat()
        )
    }
}
```

ColorfulBoxStateは2つの状態をプロパティとして保持しています。それぞれMutableStateで定義しています。プロパティの値はクラス内部からのみ変更できるように、setterをprivateにしています。

ロジックはupdateに記述しています。このメソッド内でMutableStateの値を変更しています。

このように、MutableStateのプロパティを持ち、コンポーザブルの状態をカプセル化したクラスは、〜Stateという名称にするのが一般的です。標準ライブラリでは、スクロールの状態を表現するScrollStateや、Snackbarを

220

表示するためのSnackbarHostStateなど、多くのクラスが提供されています。

ColorfulBoxStateを利用すると、ColorfulBoxのコードは下記のようになります。

```
@Composable
fun ColorfulBox(modifier: Modifier = Modifier) {
    val colorfulBoxState = remember {
        ColorfulBoxState(
            initialFillColor = Color.Red,
            initialBorderColor = Color.Black
        )
    }
    Box(
        modifier = modifier
            .background(colorfulBoxState.fillColor)
            .border(width = 5.dp, color = colorfulBoxState.borderColor)
            .clickable { colorfulBoxState.update() }
    )
}
```

rememberを用いて、ColorfulBoxStateをまるごとキャッシュします。これで状態が1つのオブジェクトに集約され、clickableに書かれていたロジックがupdateメソッドに隠蔽されました。

このコンポーザブル関数からはMutableStateが見えなくなっていますが、ColorfulBoxStateの内部で保持しているMutableStateはComposeによって監視されます。updateを呼び出してMutableStateが変更されると再コンポーズが実行されます。

remember関数の自作

rememberは、単純な使い方をする場合は先ほどの例のようにコンポーザブル関数に直接記述して問題ありません。しかし、独自の処理を追加したremember関数を自作することもできます。

代表的な用途として、5.4節で説明したような独自のSaverを利用したrememberSaveableのラッパーを定義する例を説明します。以下のコードは、ColorfulBoxStateをキャッシュする関数の実装例です。

```
@Composable
fun rememberColorfulBoxState(
    initialFillColor: Color,
```

第6章 Composeアプリの設計パターン
コンポーザブル関数が利用する状態の定義方法と、データの流れを理解しよう

```
    initialBorderColor: Color
): ColorfulBoxState {
    return rememberSaveable(saver = ColorfulBoxState.Saver) {
        ColorfulBoxState(initialFillColor, initialBorderColor)
    }
}
```

オブジェクトを作成してキャッシュするコンポーザブル関数は、remember〜という名前で定義します。

関数の内部では、rememberSaveableを呼び出して結果を返しています。rememberSaveableの引数にColorfulBoxState.Saverを指定しています。

ColorfulBoxState.Saverの実装例を下記に示します。mapSaverを用いて、fillColorとborderColorを保存および復元する処理を記述しています。

```
class ColorfulBoxState(initialFillColor: Color, initialBorderColor: Color) {
    companion object {
        val Saver = mapSaver(
            save = {
                mapOf(
                    "fillColor" to it.fillColor.toArgb(),
                    "borderColor" to it.borderColor.toArgb()
                )
            },
            restore = {
                val fillColor = Color(it["fillColor"] as Int)
                val borderColor = Color(it["borderColor"] as Int)
                ColorfulBoxState(
                    initialFillColor = fillColor,
                    initialBorderColor = borderColor
                )
            }
        )
    }
}
```

ColorfulBoxStateを利用する側のコードは下記のようになります。rememberColorfulBoxStateを呼び出すだけで、Saverのことを意識せずに利用できます。

```
@Composable
fun ColorfulBox(modifier: Modifier = Modifier) {
    val colorfulBoxState = rememberColorfulBoxState(
        initialFillColor = Color.Red,
        initialBorderColor = Color.Black
    )
```

```
        Box(
            modifier = modifier
                .background(colorfulBoxState.fillColor)
                .border(width = 5.dp, color = colorfulBoxState.borderColor)
                .clickable { colorfulBoxState.update() }
        )
    }
```

　このように、UIの状態を表すクラスと、そのクラスを保存するためのSaverをセットで定義し、remember関数も合わせて定義することによって、コンポーザブル関数でそのクラスを利用しやすくなります。標準ライブラリでは、ScrollStateを取得するrememberScrollStateなどが同じような実装になっています。Saverに限らず、クラスのインスタンスを作成するときに追加の処理が必要な場合は、その処理を関数化しておくと、そのクラスを利用しやすくなります。

6.3 Flowによるデータの受け渡し

　ここで一旦、次節以降で必要なFlowについて説明します。FlowとStateFlowの概念を既に理解している人は、本節を読み飛ばしても問題ありません。

　Flowは、複数のデータを非同期に受け渡すことができます。この場合の非同期とは、データの到着を待っている間にスレッドをブロックせず、他の処理を継続できることを意味します。

　Flowからデータを出力することを**emit**、データを受け取ることを**collect**と呼びます。また、データを出力するオブジェクトをEmitter、データを受け取るオブジェクトをCollectorと呼びます。

　Flowは穴の空いた箱のイメージです（図6.6）。箱の中でデータを作成し、穴から順番に出していきます。

図6.6　Flowは穴の空いた箱のイメージ

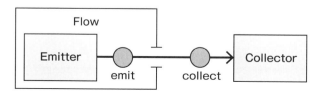

第6章 Composeアプリの設計パターン
コンポーザブル関数が利用する状態の定義方法と、データの流れを理解しよう

次のコードは、1秒おきにIntの値を2回出力するFlowの例です。

emitでFlowから値を出力する例
```
val flow: Flow<Int> = flow {
    delay(1000)
    emit(1)
    delay(1000)
    emit(2)
}
```
❶

flow関数のラムダ❶内でemitを呼び出しています。emitを呼び出すたびに、Flowの箱からデータが出ていくイメージです。このラムダ自体はsuspend関数なので、ラムダ内では別のsuspend関数を呼び出せます。emitもsuspend関数です。

Flowから値を受け取るには、collectを呼び出します。

collectでFlowから値を受け取る例
```
coroutineScope.launch {
    flow.collect {
        println("Collect $it")
    }
}
```
❷

collectはsuspend関数なので、コルーチン内で呼び出します。collectを呼び出すと、同じコルーチン内でflowのラムダ❶が実行されます。そして、emitされた値それぞれに対してcollectのラムダ❷が実行されます。emitに渡した値は、collectのラムダ❷の引数として受け取ることができます。

また、collectをコルーチン内で非同期に実行するため、値の受け取りを待っている間は別の処理を継続できます。

実行結果は下記のとおりです。2つの値を受け取れていることが分かります。

```
Collect 1
Collect 2
```

さて、このFlowはオブジェクト作成時のラムダ内でしかemitできないため、少々使い勝手が悪いです。次は外部からemitできる便利なFlowを紹介します。

SharedFlow —— 外部からemitできるFlow

SharedFlowは、片方の穴からデータを入れると、反対側からそのデータが

6.3 Flowによるデータの受け渡し

図6.7 SharedFlowはパイプのイメージ

出てくるパイプのようなイメージです（**図6.7**）。emitはパイプに向けてデータを出力する操作、collectはパイプからデータを取り出す操作に相当します。

SharedFlowはノーマルなFlowとは異なり、作成した後に外部からemitを呼び出せます。まずデータを受け渡すパイプを用意しておき、必要に応じてデータをパイプに投入できるイメージです。

例を見てみましょう。SharedFlowは読み取り専用なので、値をemitするためにはMutableSharedFlowを使います。

MutableSharedFlowの利用例
```
val flow = MutableSharedFlow<Int>() ―❶

coroutineScope.launch {
    delay(1000)
    flow.emit(1) ―❷
    delay(1000)
    flow.emit(2) ―❸
}

coroutineScope.launch {
    flow.collect { println("Collect $it") } ―❹
}
```

flowを作成した時点では、何も値を流していません（❶）。flowに値を流すために、コルーチン内でemitしています（❷、❸）。emitした値を受け取るために、別のコルーチンでcollectしています（❹）。

MutableSharedFlowのコンストラクタには、パラメータが3つあります。これらのパラメータが、SharedFlowの挙動を決めます。

MutableSharedFlowのコンストラクタの定義
```
fun <T> MutableSharedFlow(
    replay: Int = 0,
    extraBufferCapacity: Int = 0,
    onBufferOverflow: BufferOverflow = BufferOverflow.SUSPEND
): MutableSharedFlow<T>
```

ここでは、次項で説明するStateFlowの理解に必要なreplayとonBufferOverflowについて説明します。

図6.8 replayはcollector側のバッファサイズ

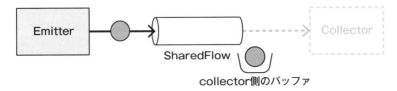

表6.1 onBufferOverflowの値とバッファがいっぱいの場合の挙動

onBufferOverflowの値	バッファがいっぱいの場合の挙動
SUSPEND	バッファに空きができるまで処理を中断する
DROP_LATEST	一番新しいデータを破棄する(バッファがいっぱいな場合のemitは無視される)
DROP_OLDEST	バッファの中の一番古いデータを破棄する

replayは、後から作成されたCollectorが値を受け取れるように、データを保持しておくバッファのサイズです(図6.8)。

onBufferOverflowは、バッファがいっぱいになっている状態でさらにemitしたときの挙動を指定します。onBufferOverflowが取る値を表6.1に示します。

StateFlow —— 常に値を持つFlow

StateFlowは、常に何か1つデータが入っている箱のイメージです(図6.9)。作成した時点で何らかのデータが入っていて、外部から新しいデータを入れると、古いデータが置き換わります。この箱に入っているデータを状態として扱います。

○ StateFlowは特殊なSharedFlow

StateFlowは、SharedFlowの一種です。SharedFlowに対して次の性質を指定したものが、StateFlowです(図6.10)。

図6.9 StateFlowは箱のイメージ

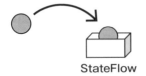

図6.10 StateFlowの性質

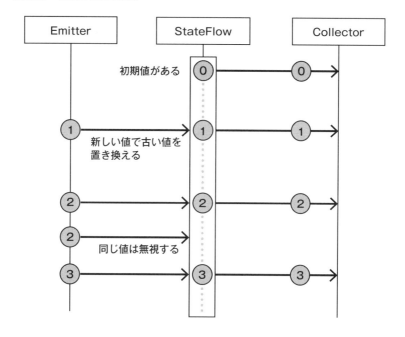

- replay = 1（データを1つ入れる箱を持っている）
- インスタンス作成時に初期値をemitする（常にデータが入っている）
- onBufferOverflow = BufferOverflow.DROP_OLDEST（新しいデータを入れると古いデータを破棄する）
- 同じ値のemitが連続した場合は無視する

○ 同期的に値を読み書き可能

　StateFlowにはもう一つ、同期的に値を読み書きできるという便利な特徴があります。

　まずは値の書き込みから説明します。FlowやSharedFlowの値を更新するにはsuspend関数内でemitを呼び出す必要がありました。

　一方でStateFlowは、valueプロパティに書き込むことで、通常の（suspendではない）関数内でemitと同等の処理を実行できます。onBufferOverflowにDROP_OLDESTが指定されていることによってemitがsuspendせずに完了することが保証されているため、同期的な値の更新が可能になっています。

　次に値の読み取りを説明します。FlowやSharedFlowは、コルーチン内で

collectを利用してスレッドの処理をブロックせずに値の更新を待つことができました。この特徴はStateFlowも同じです。

これに加えてStateFlowは、valueプロパティを読むことで、通常の関数内で「現在の値」を取得できます。StateFlowはバッファに常に値が入っていることが保証されているため、同期的に値を取得できるのです。

また、update関数を使うと、現在の値を読み取り、その値を元に新しい値を算出して書き込めます。

例を見てみましょう。StateFlowは読み取り専用なので、値を更新できるようにするためにはMutableStateFlowを使います。コンストラクタの引数は初期値で、ここでは0を設定しています。

MutableStateFlowの利用例
```
val flow = MutableStateFlow(0)

flow.value = 1 // 値の書き込み
println("value=${flow.value}") // 値の読み取り

flow.update { it + 1 } // 値の更新
println("value=${flow.value}")
```

値の書き込みと読み取りはvalueプロパティを利用します。suspendではない通常の関数でvalueプロパティを読み書きできます。

現在の値を元に新しい値に更新する場合はupdate関数を用います。updateのラムダでは、現在の値が引数として渡され、それを更新して新しい値を返します。updateは、現在の値の読み取りと新しい値の書き込みをアトミックに処理するので、スレッドセーフに実装できます[注1]。

StateFlowは、UIの状態を表すUiStateをComposeに渡すためによく使われます。詳しくは本章の後半で説明します。

注1　アトミックな処理とは、分割されない処理のまとまりのことです。updateは、現在の値の読み取りから新しい値の書き込みまでを分割せずに処理するので、処理の途中に別スレッドで値が変更されることがありません。そのため、複数スレッドから安全に値を更新できます。

6.4 画面の状態を定義するUiState

前節までは、コンポーザブル関数の特定のUIコンポーネントの状態管理について説明してきました。本節では範囲を広げて、画面全体の状態を管理する方法を説明します。

画面全体の状態は、**UiState**に定義します。UiStateは、そのような名前のAPIがあるわけではなく、画面の状態を定義したオブジェクトの通称です。作成する画面に合わせて、必要な情報を保持する構造を定義します。

UiStateで重要なのは、イミュータブルなクラスとして定義することです。コンポーザブル関数内では、UiStateは参照するだけで変更しません。画面の状態を変更するときは、新しい値でUiStateを作り直し、それを元に再コンポーズを実行して表示を更新します。こうすることによって、UIの状態を変更する箇所が限定され、デバッグが容易になります。

ここからは簡単なTODOリストを表示する画面を例に説明しましょう。作成する画面のイメージを**図6.11**に示します。

- 画面を表示すると最初は読み込み中の状態になり、読み込みが完了するとTODOリストを表示する
- チェックボックスにチェックを入れるとTODOアイテムが完了済みになる

この例でUiStateが持つ状態は、以下の2つです。

図6.11　TODOリストを表示する画面

第**6**章 Composeアプリの設計パターン
コンポーザブル関数が利用する状態の定義方法と、データの流れを理解しよう

・読み込み中かどうか

・TODOアイテムのリスト

　本節では、よく使われるUiStateの定義方法を2種類紹介します。シンプルなdata classを使う方法と、sealed interfaceを使う方法です。

　なお、TODOアイテムは下記のようにID、タイトル、完了フラグを持つものとします。

```
data class ToDoItem(
    val id: Int,
    val title: String,
    val isCompleted: Boolean = false
)
```

data classを使う書き方

　1つめの方法は、シンプルなdata classとしてUiStateを定義する方法です。

```
data class ToDoUiState(
    val isLoading: Boolean,
    val toDoItems: List<ToDoItem>
)
```

　読み込み中の状態と読み込み成功後の状態は、それぞれ以下のようになります。

```
// 読み込み中
val loadingUiState = ToDoUiState(
    isLoading = true,
    toDoItems = emptyList()
)

// 読み込み成功
val successUiState = ToDoUiState(
    isLoading = false,
    toDoItems = listOf(
        ToDoItem(id = 0, "プレゼン資料を作成する"),
        ToDoItem(id = 1, "メールを送る"),
        (省略)
    )
)
```

　data classを使うメリットは、シンプルかつ柔軟にいろいろな状態を定義で

230

きることです。また、data classのcopy関数を用いるとプロパティの一部だけを変更してインスタンスを作り直せるので、プロパティの数が多い場合に状態の更新が容易になります。

デメリットの一つは、プロパティ間の整合性をよく考えて実装しないと、矛盾した状態ができあがってしまうことです。例えば、isLoading = trueのときにtoDoItemsに値を入れると、「読み込みが完了していないのにデータが存在する」という状態を作れてしまいます。

もう一つのデメリットは、特定の状態では不要なプロパティの値の持たせ方が悩ましいことです。この例では、isLoading = trueの場合、toDoItemsは不要です。しかし何らかの値は持たせなければならないため、nullやemptyList()で定義することになります。nullで定義すると、UiStateを参照するコンポーザブル関数側でnullへの対応が必要になります。emptyList()を利用すると、読み込み中だからリストが空なのか、読み込みは成功したがデータが存在しなかったのかの区別がつきません。

sealed interfaceを使う書き方

UiStateの定義方法の2つめは、sealed interfaceを使う方法です。この方法は、先ほど紹介したdata classのデメリットを解消します。

```
sealed interface ToDoUiState {
    data object Loading: ToDoUiState

    data class Success(
        val toDoItems: List<ToDoItem>
    ) : ToDoUiState
}
```

sealed interfaceを使ってUiStateを定義する場合、まずはじめに大枠となる状態を定義します。この例では、Loading（読み込み中）とSuccess（読み込み成功）の2つです。

次に、それぞれの状態に必要な情報を持たせます。Loadingは特に持たせる情報がないのでobjectとして定義し、SuccessにはTODOリストを持たせています。

読み込み中と読み込み成功後の状態はそれぞれ以下のようになります。読み込み中はtoDoItemsを考慮する必要がなく、状態の矛盾も発生しません。画面の状態を明確に定義し、それぞれの状態で必要な情報だけを定義できるこ

第6章 Composeアプリの設計パターン
コンポーザブル関数が利用する状態の定義方法と、データの流れを理解しよう

とが、この方法のメリットです。

```
// 読み込み中
val loadingUiState = ToDoUiState.Loading

// 読み込み完了後
val successUiState = ToDoUiState.Success(
    toDoItems = listOf(
        ToDoItem(id = 0, "プレゼン資料を作成する"),
        ToDoItem(id = 1, "メールを送る"),
        (省略)
    )
)
```

sealed interfaceを使うと、コンポーザブル側の実装にもメリットがあります。状態と表示内容を1対1で記述でき、ソースコードの意図が明確になります。

```
when (uiState) {
    is ToDoUiState.Loading -> Text("読み込み中...")
    is ToDoUiState.Success -> ToDoList( (省略) )
}
```

メリットの多いsealed interfaceですが、複雑な状態を表現することは苦手です。UiStateで管理する要素が増えてくると、状態をきれいに分割することが難しくなってきます。先ほどの例で説明すると、例えばSuccessの中に状態を細分化するフラグが必要になったり、別の状態にもtoDoItemsを持たせる必要が出てきたりすると、sealed interfaceを利用している意味が薄れていきます。このような状況になったら、先に紹介したdata classでの実装に切り替えるか、UiStateを分割するなど設計の見直しを行うほうがよいでしょう。

6.5 ViewModelによるUiStateの保持と更新

UiStateを保持する場所として適しているのは、**ViewModel**です。ViewModelは、**MVVM**(Model-View-ViewModel)パターンという設計パターンを構成する要素の一つです。本節ではMVVMパターンとViewModelについて説明し、ViewModelでUiStateを保持する方法と更新する方法を説明します。

MVVMパターンの適用

MVVMはUIを持つアプリの設計パターンの一つで、図6.12に示す3つの要素で構成されます。

- **Model（M）**
  アプリのデータや、データを更新するための手続きを提供する
- **View（V）**
  UIを作成する。Composeアプリではコンポーザブル関数がViewに相当する
- **ViewModel（VM）**
  Viewのためのモデルを提供し、ViewとModelの独立性を高めつつ両者をスムーズに接続する

AndroidのViewModelの目的

ViewModelが提供する機能は以下の2つです。

- **Viewの表示に必要な状態をモデル化して保持する**
- **ViewとModelの間でデータやイベントを受け渡す**

このうち、Androidにおいては特に1つめの機能、**Viewの状態の保持**が重要です。Androidでは、Activityが構成変更によって頻繁に破棄と再作成を繰り返します。そのため、構成変更を超えて画面の状態を保持する目的でViewModelを使います。

構成変更を超えたコンポーザブルの状態保持には、第5章で紹介した`rememberSaveable`も利用できますが、こちらは主に、個別のUIコンポーネントの状態（スクロール状態など）を保持するために利用します。これに対してViewModelは、その画面の機能の実現に必要な情報（つまりUiState）を保持するために利用します。

Jetpackが提供するViewModel

Jetpackのlifecycleライブラリには、Androidアプリのライフサイクルに最適化されたViewModelのAPIが用意されており、Composeで利用できます。利

図6.12　MVVMの構成要素

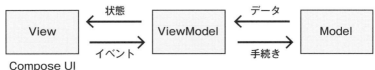

第6章 Composeアプリの設計パターン

コンポーザブル関数が利用する状態の定義方法と、データの流れを理解しよう

用するには、プロジェクトに依存を追加します。最新のバージョン番号は「Lifecycle - developer.android.com」[注2]で確認できます。

```libs.versions.toml
[versions]
lifecycleCompose = "2.8.6"

[libraries]
androidx-lifecycle-viewmodel-compose = { group = "androidx.lifecycle", ⏎
name = "lifecycle-viewmodel-compose", version.ref = "lifecycleCompose" }
```

```build.gradle.kts(:app)
dependencies {
    implementation(libs.androidx.lifecycle.viewmodel.compose)
}
```

独自のViewModelを定義するには、lifecycleライブラリが提供するViewModelクラスを継承します。

```
class ToDoViewModel : ViewModel() {
    （省略）
}
```

作成したViewModelを利用するには、コンポーザブル関数でviewModel関数を呼び出します。

```
@Composable
fun ToDoRoute(
    viewModel: ToDoViewModel = viewModel()
) {
    （省略）
}
```

こうして取得されるViewModelオブジェクトは、デフォルトではActivityに関連付けられます[注3]。そしてActivityが存在している間、ViewModelのインスタンスは保持されます。アプリがバックグラウンドに移動したり画面を回転させたりすると、Activityは状態が変化して破棄と再作成を繰り返しますが、ViewModelのインスタンスは影響を受けません（**図6.13**）。したがって、画面の表示に必要な状態をViewModelに持たせることによって、Activityの複雑なライフサイクルを気にしなくてよくなります。

注2 https://developer.android.com/jetpack/androidx/releases/lifecycle

注3 ActivityのonCreateから呼び出したsetContentをコンポーザブル関数のエントリーポイントとしている場合。

図6.13 ActivityとViewModelのライフサイクル

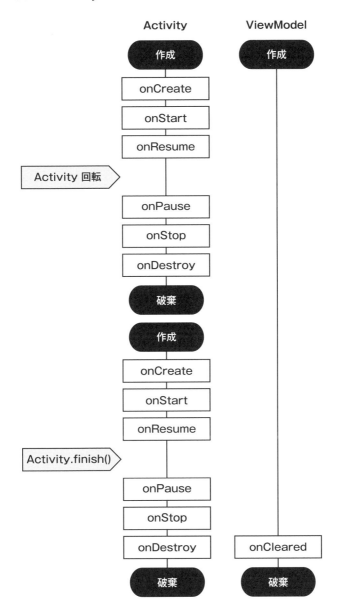

第**6**章 Composeアプリの設計パターン
コンポーザブル関数が利用する状態の定義方法と、データの流れを理解しよう

注意点として、ViewModelのコンストラクタが引数を受け取る場合は、追加でViewModelProvider.Factoryを実装する必要があります。ただし実際のプロダクトではHiltなどのDI（Dependency Injection、依存性注入）ライブラリを利用することが多く、その場合はViewModelProvider.Factoryが不要になるので、ここでは説明を割愛します。

Flowを使ってUiStateを更新する

それでは、ViewModelにUiStateを定義します。ToDoViewModelを作成し、ToDoUiStateを持たせます。前節で検討した2種類のToDoUiStateのうち、ここではsealed interfaceのパターンで定義したものを使って説明します。

```
class ToDoViewModel : ViewModel() {
    private val _uiState = MutableStateFlow<ToDoUiState>(
        ToDoUiState.Loading ──❶
    )
    val uiState = _uiState.asStateFlow()

    init {
        viewModelScope.launch { ──❷
            delay(300) // API呼び出しを想定
            _uiState.value = ToDoUiState.Success( （省略） ) ──┐──❸
        }
    }
}
```

UiStateはStateFlowとしてViewModelに定義します。ViewModel内部にはMutableStateFlowで定義し、外部にはイミュータブルなStateFlowとして公開します。

UiStateの初期値はToDoUiState.Loadingです（❶）。実際のアプリではModelからデータを取得することになりますが、ここでは簡単のため、一定時間後にToDoUiState.Successに更新しています（❸）。

❷のviewModelScopeは、ViewModel内でコルーチンを起動するときに利用できるコルーチンスコープです。viewModelScopeで起動したコルーチンはメインスレッドで実行され、ViewModelのライフサイクルが終了するときにキャンセルされます。

コンポーザブル関数でUiStateを利用する

ここまでで、ViewModelにUiStateをStateFlowとして保持し、それを更新する方法を説明しました。次は、コンポーザブル関数でStateFlowをcollectして、表示に反映させる方法を説明します。

次に示すToDoRouteは、TODOリストを表示する画面の最上位のコンポーザブル関数です。ここで、ViewModelからUiStateを取り出します。

```
@Composable
fun ToDoRoute(
    viewModel: ToDoViewModel = viewModel()
) {
    val uiState by viewModel.uiState.collectAsStateWithLifecycle()
    ToDoScreen(uiState = uiState)
}
```

collectAsStateWithLifecycleはStateFlowの拡張関数で、StateFlowをComposeのStateに変換します。こうすることによって、StateFlowに新たな値がemitされたことをComposeが検知可能になり、再コンポーズが実行されます。

また、collectAsStateWithLifecycleは、Activityがフォアグラウンドに表示されている間だけStateFlowの値をcollectします。これにより、画面が表示されていない間の無駄な再コンポーズを抑制します。

ViewModelから取り出したUiStateは、そのままToDoScreenに渡しています。ToDoScreenが実質的な画面作成の最上位のコンポーザブル関数となります。

ToDoRouteに詳細なUIを記述せずに、ToDoScreenを定義してコンポーザブル関数を階層化しているのは、以下のような理由からです。

まず、コンポーザブル関数の詳細な実装がViewModelに依存しないようにすることで、コンポーザブル関数の再利用性が高まります。

また、コンポーザブル関数からViewModelにアクセスできる場所を限定することで、コードの保守性が高まります。

さらに、UiStateを引数で受け取るコンポーザブル関数を定義することによって、状態別のプレビューを作成しやすくなります。

ToDoScreenのコードは下記のようになります。uiStateの値によって呼び出すコンポーザブル関数を切り替えて、表示を変更しています。

```
@Composable
fun ToDoScreen(
    uiState: ToDoUiState
```

```
) {
    Column {
        Text(text = "TODOリスト", (省略))
        when (uiState) {
            is ToDoUiState.Loading -> Text("読み込み中...")
            is ToDoUiState.Success -> ToDoList(
                toDoItems = uiState.toDoItems
            )
        }
    }
}
```

ToDoListの中身は省略しますが、TODOアイテムのタイトル、完了済みを表すチェックボックスを描画するものとします。

図6.14にViewModelからコンポーザブル関数へUiStateが渡されていく様子を図示します。ViewModelではStateFlowで保持し、Routeコンポーザブルで Stateに変換し、ScreenコンポーザブルにUiStateを渡します。

6.6 MVVMアーキテクチャのデータフロー

前節では、ViewModelからComposeへUiStateを渡す方法を説明しました。本節では、ModelからViewModelへデータを渡す方法を説明し、MVVMアーキテクチャ全体でのデータの流れを俯瞰します。

なお、MVVMアーキテクチャ自体は、データの受け渡し方法を規定するものではありません。本節で紹介するデータの受け渡し方法は、あくまで1つ

図6.14 ViewModelからコンポーザブル関数へのUiStateの受け渡し

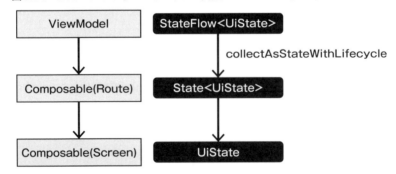

図6.15　MVVMのデータフロー

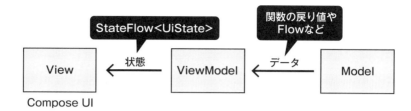

の実装例として捉えてください。

図6.15にMVVMのデータフローを示します。ViewModelのUiStateは、StateFlowを利用してComposeに渡しました。ModelからViewModelへのデータの受け渡しは、単純な関数呼び出しの戻り値で渡す場合もあれば、Flowで渡す場合もあります。

suspend関数を利用したModelの定義

ここからは、サンプルのTODOリストを実現するためのデータの流れを説明していきます。TODOアイテムのリストは、ToDoModelクラスが提供します。

なお、アプリの設計指針によって、ModelをUseCase、Repository、DataSourceなどに分ける場合がありますが、ここでは単にModelとして扱います。

ToDoModelのコードを下記に示します。

```
class ToDoModel {
    suspend fun loadToDoItems(): List<ToDoItem> {
        delay(300) // 外部API呼び出しを想定
        return FakeData.toDoItems
    }
}
```

loadToDoItemsは、外部APIを呼び出してTODOアイテムのリストを取得する関数です。サーバーとの通信に時間がかかるため、suspend関数として定義しています。

ここでは簡単のため、サーバーとの通信時間を想定した遅延を挟んで、フェイクのデータを返しています。FakeData.toDoItemsは以下のようなToDoItemのListです。

第6章 Composeアプリの設計パターン

コンポーザブル関数が利用する状態の定義方法と、データの流れを理解しよう

> ### コラム｜Flowを公開するModelクラス
>
> ToDoModelは一度の関数呼び出しに対して1つのデータを返す形式でしたが、ModelがFlowを公開する場合もあります。ModelがFlowを公開すると、Modelを利用する側のクラスでは最初に一度Flowをcollectしておけば、新しい値を自動的に受け取ることができます。
>
> Jetpackには、Flowでデータを提供するライブラリがいくつかあります。アプリ独自の設定を端末に保存するDataStore、ローカルデータベースのRoom、データを逐次取得するPaging3などです。
>
> これらのライブラリをModelクラスで利用する場合は、Modelクラスが公開するデータもFlow形式になります。

```
private object FakeData {
    var toDoItems = listOf(
        ToDoItem(id = 0, title = "プレゼン資料を作成する"),
        ToDoItem(id = 1, title = "メールを送る"),
        ToDoItem(id = 2, title = "アンケートに回答する"),
        ToDoItem(id = 3, title = "議事録を作成する")
    )
}
```

このように、外部APIを呼び出してサーバーからデータを取得する処理は、シンプルなsuspend関数として実装できます。

ポイントは、Modelが公開する（戻り値として返す）データは、イミュータブルなデータであるということです。後ほど詳しく説明しますが、イミュータブルなデータを順々に渡していくことで、信頼性の高いアプリを作成できます。

UiStateへの変換

ViewModelでは、Modelから取得したデータをUiStateのStateFlowに変換します。Modelが公開するデータをComposeから直接参照するのではなく、UI表示用のUiStateに変換することで、MVVMにおけるModelとViewの独立性が高まり、それぞれの役割が明確になります。

6.6　MVVMアーキテクチャのデータフロー

```kotlin
class ToDoViewModel : ViewModel() {
    private val toDoModel = ToDoModel()
    private val toDoItems: MutableStateFlow<List<ToDoItem>?> =
        MutableStateFlow(null) ─❶

    init {
        viewModelScope.launch {
            toDoItems.value = toDoModel.loadToDoItems() ─❷
        }
    }

    val uiState: StateFlow<ToDoUiState> = toDoItems.map { toDoItems ->
        if (toDoItems == null) {
            ToDoUiState.Loading
        } else {
            ToDoUiState.Success(toDoItems = toDoItems)
        }
    }.stateIn(
        scope = viewModelScope,
        started = SharingStarted.WhileSubscribed(5000),
        initialValue = ToDoUiState.Loading
    )
}
```

第6章

○ データをFlowに変換

まずは、モデルから取得したデータをFlowで表します。

TODOアイテムのリストを取得するToDoModel.loadToDoItemsは単一の
Listを返すので、これをStateFlowにします。toDoItemsという変数名で
StateFlowを定義し（❶）、loadToDoItemsの戻り値をStateFlowに流します
（❷）。なお、toDoItemsの初期値は、データがまだ読み込まれていないこと
を表すため、nullにしています。

○ Flowの変換

これでデータをFlowで表せたので、次はToDoUiStateのFlowに変換しま
す。

Flowの変換はmap関数を使います。map関数のラムダはFlowに流れてくる
値一つ一つに対して実行され、Flowに流すオブジェクトを差し替えます。

この例では、toDoItemsにnullが流れてきた場合はToDoUiState.Loading
に変換し、ToDoItemのリストが流れてきた場合はそのリストを使って
ToDoUiState.Successに変換しています。

241

第6章 Composeアプリの設計パターン

コンポーザブル関数が利用する状態の定義方法と、データの流れを理解しよう

```
toDoItems.map { toDoItems ->
    if (toDoItems == null) {
        ToDoUiState.Loading
    } else {
        ToDoUiState.Success(toDoItems = toDoItems)
    }
}
```

なお、UiStateを作成するためのデータが複数のFlowによって提供される場合は、combineを利用して1つのFlowに結合します。

◯ StateFlowに変換

mapの戻り値はノーマルなFlowなので、stateInでStateFlowに変換します。StateFlowを利用するのは、常に値を持っているなどのStateFlowの特徴が、UIの状態を表現するのに適しているからです。

```
stateIn(
    scope = viewModelScope,
    started = SharingStarted.WhileSubscribed(5000),
    initialValue = ToDoUiState.Loading
)
```

initialValueには、StateFlowの初期値としてToDoUiState.Loadingを指定しています。これが、画面に最初に表示されるUiStateになります。

stateInのstartedにWhileSubscribedを指定すると、Flowのcollectorが存在する間だけアクティブになります。ただし引数に5000を指定しているので、collectorがいなくなってから5000ミリ秒はFlowがアクティブな状態を保ちます。この目的は、Activityの構成変更などにより一時的にcollectorがいなくなったときにFlowが再起動することを防ぐためです。

「5000ミリ秒」の根拠ははっきりしないのですが、Androidアプリの実装のベストプラクティスとして作成されている「Now in Android App」[注4]の実装で使われていることや、「Things to know about Flow's shareIn and stateIn operators - Medium」[注5]で紹介されていることから、この値が広く使われているようです。

以上で、Modelから取得したデータをViewModelでUiStateのStateFlowに

注4　https://github.com/android/nowinandroid

注5　https://medium.com/androiddevelopers/things-to-know-about-flows-sharein-and-statein-operators-20e6ccb2bc74

6.6 MVVMアーキテクチャのデータフロー

変換することができました。

宣言的なデータフロー

これまでに説明してきたMVVMアーキテクチャ全体のデータフローを、図6.16に示します。

データは、ModelからViewModelを経てView（Compose）へと伝わります。Modelはイミュータブルなデータを公開し、それをViewModelが利用します。ViewModelはイミュータブルなUiStateをStateFlowとして公開し、それをRoute階層のコンポーザブル関数が利用します。Route階層のコンポーザブル関数ではStateFlowをStateに変換し、Screen階層のコンポーザブル関数にUiStateを渡します。UiStateに含まれる値がコンポーザブル関数の引数としてコンポジションの木構造の末端まで伝わっていきます。

このデータフローは、下記の2点を満たしていることがポイントです。

・データフローの各段階が次の段階に渡すデータがイミュータブルであること
・データフローに新しいデータが入ってきたら、それが末端まで伝わること

これらの要件を満たしているとき、MVVMのデータフローは宣言的なデー

図6.16 MVVMアーキテクチャにおけるデータフロー

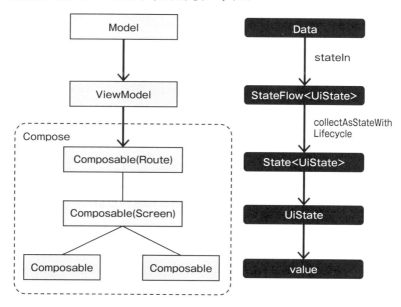

第6章 Composeアプリの設計パターン

コンポーザブル関数が利用する状態の定義方法と、データの流れを理解しよう

タフローになります。宣言的なデータフローは、以下の特徴を持ちます。

・入力が決まれば結果が決まる

MVVM全体を1つのシステムと捉えたとき、Modelが公開するデータをシステムの入力、UIの表示内容をシステムの出力結果と考えることができる。Modelが公開するデータが決まればViewModelのUiStateが決まる。UiStateが決まれば構築されるコンポジションが決まる。そして結果としてUIの表示内容が決まる

・入力が変化したら自動的に結果に反映される

Modelが新たなデータを公開すると、自動的にUiStateが更新される。UiStateはStateに変換されてComposeが監視しているので、UiStateが変化すると再コンポーズが実行され、UIの表示内容が更新される

これは、宣言的UIの特徴と相似しています。Composeは以下の宣言的UIの特徴を持っていることを思い出してください。

・入力(コンポーザブル関数の引数)が決まれば結果(UIの表示内容)が決まる

・状態(State)が変化したら自動的に結果に反映される

宣言的UIの特徴と、本章で説明したMVVMにおけるデータフローの特徴を比べると、Composeの宣言的UIの特徴がMVVM全体にも当てはまることが分かります。

データを宣言的に扱うことによって、状態管理が容易になります。アプリ全体を考えたときに、UIの表示内容はModelが公開するデータによってのみ、決まることになります。このように、定義された場所以外では変更されないことが保証されているデータのことを、**SSOT**(Single Source of Truth、信頼できる唯一の情報源)と呼びます。

以上のように、Composeで必要とするデータをSSOTとして定義し、宣言的なデータフローを構築することにより、Modelからコンポジションの末端まで、流れるようにデータが伝わっていきます。この流れを阻害しないようにモジュールを設計することが大切です。

6.7 データの更新処理の呼び出し

MVVMアーキテクチャの説明の最後に、Composeからデータの更新処理を呼び出し、更新されたデータに基づいて表示を更新する流れを説明します。前節までは、ModelからViewへと伝わるデータの流れを説明してきましたが、

6.7 データの更新処理の呼び出し

本節では、反対にViewからModelへとイベントを伝えます。

イベントの伝達

ViewからViewModelへのイベントの通知は、コンポーザブル関数の副作用として実装します。最も多いのは、クリックなどのUIイベントからViewModelの関数を呼び出すパターンです。

コンポジションの各階層で発生したUIイベントは、コールバックを利用して最上位のコンポーザブル関数まで伝えます。ViewModelにアクセスできるコンポーザブル関数を、最上位のコンポーザブル関数に限定するためです。

ここでは、前出のTODOリスト(**図6.17**)のチェックボックスを操作すると、タスクを完了済みにする処理を追加します。

○ Composeのコード

イベントが伝わる順にコードを確認していきます。ToDoListは、TODOアイテムそれぞれにチェックボックスを表示し、チェックボックスをクリックするとonCompletedChangeコールバックを呼ぶ実装にしています(**❶**)。

```
@Composable
fun ToDoList(
    toDoItems: List<ToDoItem>,
    onCompletedChange: (toDoItem: ToDoItem, completed: Boolean) -> Unit
) {
    LazyColumn {
        items(toDoItems) { item ->
            ListItem(
                headlineContent = {
```

図6.17　TODOリストのチェックボックス

第6章 Composeアプリの設計パターン
コンポーザブル関数が利用する状態の定義方法と、データの流れを理解しよう

```
                Text(item.title)
            },
            trailingContent = {
                Checkbox(
                    checked = item.isCompleted,
                    onCheckedChange = { checked ->
                        onCompletedChange(item, checked) ─❶
                    }
                )
            }
        )
    }
}
```

ToDoListの呼び出し元のToDoScreenでは、コールバックをそのまま上位の
コンポーザブル関数へ伝えます。

```
@Composable
fun ToDoScreen(
    uiState: ToDoUiState,
    onCompletedChange: (toDoItem: ToDoItem, completed: Boolean) -> Unit
) {
    （省略）
    ToDoList(
        toDoItems = uiState.toDoItems,
        onCompletedChange = onCompletedChange
    )
    （省略）
}
```

最上位のコンポーザブル関数では、コールバックが発生したときにViewModel
の関数を呼び出します。ここでは関数を参照する :: というオペレーターを用
いて、viewModelオブジェクトのupdateCompletedメソッドを参照していま
す。

```
@Composable
fun ToDoRoute(
    viewModel: ToDoViewModel = viewModel( （省略） )
) {
    val uiState by viewModel.uiState.collectAsStateWithLifecycle()
    ToDoScreen(
        uiState = uiState,
```

```
            onCompletedChange = viewModel::updateCompleted
    )
}
```

○ ViewModelのコード

ViewModelのupdateCompletedのコードは下記のとおりです。

```
class ToDoViewModel : ViewModel() {
    private val toDoModel = ToDoModel()
    private val toDoItems: MutableStateFlow<List<ToDoItem>?> = (省略)

    fun updateCompleted(toDoItem: ToDoItem, completed: Boolean) {
        viewModelScope.launch {
            toDoModel.updateCompleted(toDoItem, completed)
            toDoItems.value = toDoModel.loadToDoItems()
        }
    }
}
```

まず、ToDoModelのupdateCompletedを呼び出してデータを更新しています。
そして、更新後のデータをloadToDoItemsで再取得して、toDoItemsの
StateFlowに流しています。これで、新しいTODOアイテムのリストでUiState
が更新され、それがコンポーザブル関数に伝わって再コンポーズが実行され、
表示が更新されるという一連のデータフローが再実行されます。

○ Modelのコード

ToDoModelのupdateCompletedは、外部APIを呼び出してTODOアイテムの
完了状態を更新します。実際のアプリではサーバーと通信することになりま
すが、サンプルでは通信時間を想定した遅延を挟んで、FakeDataを更新して
います。

```
class ToDoModel {
    suspend fun updateCompleted(toDoItem: ToDoItem, completed: Boolean) {
        delay(300) // 外部API呼び出しを想定
        FakeData.updateCompleted(toDoItem, completed)
    }
}

private object FakeData {
    var toDoItems = listOf( (省略) )

    fun updateCompleted(toDoItem: ToDoItem, completed: Boolean) {
        toDoItems = toDoItems.map {
```

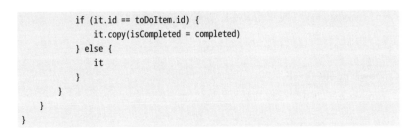

このように、UIイベントが発生するコンポーザブル関数からコールバックを通じて最上位のコンポーザブル関数にイベントを伝えて、ViewModelの関数を呼び出し、最終的にModelの関数を呼び出します。

状態とロジックを定義する場所

ここまでのSSOTの説明では、Modelが公開するデータを例に説明してきました。ただし、状態を何でもModelに定義すれば良いということではありません。下記に、状態とロジックを定義するのに適した場所の例を示します。

- **Model**
  ビジネスロジック（アプリ固有のデータを作成したり、更新したり、保存したりする処理のこと）はModelに定義する。ストレージやサーバーへのアクセスが必要な場合もModelに記述する

- **ViewModel**
  画面全体に関わるUIの状態を定義する。正常系と異常系で画面を切り替えるための状態や、閲覧モードと編集モードを切り変えるための状態など。
  また、Modelから取得した情報を保持しておく場所としても、ViewModelが適している。UIの構造に合わせた形でデータを定義し、画面のライフサイクルに合わせてデータを保持する

- **View**
  画面内の特定のUIコンポーネントの状態はViewに定義する。ComposeではrememberやrememberSaveableを利用する

状態をどこに定義したとしても、SSOTの原則は守ることが望ましいです。

- **イミュータブルな型で受け渡すこと**
- **状態を定義した場所で更新すること**

ModelやViewModelの場合は、クラス外部に対してイミュータブルな型で公開することによって、SSOTの原則が守られます。一方、コンポーザブル

関数内で定義したStateの場合は、子コンポーザブルにStateではなくその値を渡すことによって、Stateの値が他のコンポーザブルで変更されることを防ぎます。

```
@Composable
fun Parent() {
    var flag by remember { mutableStateOf(false) }
    Child(
        flag = flag,      // ChildにはStateではなくBooleanで渡す
        onFlagChange = { flag = it } // flagを定義しているParent内で更新
    )
}
```

図6.18は、各階層で定義された状態が伝わる方向と、状態変更のイベントが伝わる方向を表した図です。状態は定義した場所からそれを利用するコンポーザブル関数まで流れていきます。UIイベントは逆に、状態を利用する場所から、定義した場所まで遡っていきます。そして状態を更新し、また新たな状態が流れていきます。状態を定義する場所にかかわらず、このループが構成されるようにします。

図6.18　状態とイベントのループ

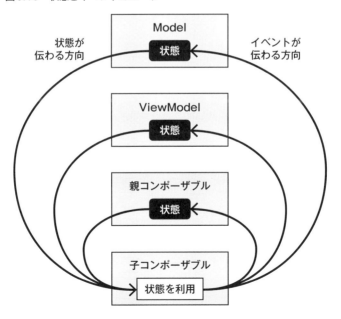

第 **6** 章 | Composeアプリの設計パターン
コンポーザブル関数が利用する状態の定義方法と、データの流れを理解しよう

6.8 まとめ

　本章では、コンポーザブル関数が利用する状態の定義方法を説明しました。また、TODOリストの表示を題材に、ComposeアプリにおけるMVVMアーキテクチャの適用方法を説明し、コンポーザブル関数が利用するデータの流れを説明しました。

・状態をホイスティングし、コンポーザブル関数をステートレスにすると、コンポーザブル関数を再利用しやすくなります。ホイスティングする場所は、その状態を利用するコンポーザブルの共通の親コンポーザブルです。

・1つのUIコンポーネントの状態とロジックは1か所にまとめて定義します。複雑な状態をクラスにまとめることによって、コンポーザブル関数がUIの構造を表現することに集中できます。

・Flowを使うと複数のデータを非同期に受け渡しできます。SharedFlowは外部から値をemitできるFlowです。StateFlowは常に値を持つFlowです。

・画面全体の状態はUiStateに定義します。UiStateはdata classを用いて定義する方法と、sealed interfaceを用いて定義する方法があります。

・Modelが持つデータは関数の戻り値やFlowでViewModelに渡します。ViewModelではUiStateを作成し、StateFlowでコンポーザブル関数に渡します。画面の最上位階層のコンポーザブル関数でComposeのStateに変換し、UiStateを取り出します。UiStateやそのプロパティがコンポジションの末端まで伝わり、UIの表示を構築します。

・イミュータブルなデータをFlowで流すことによって、データを宣言的に扱います。Modelが公開するデータが決まれば、UIの表示が決まります。Modelが新しいデータを公開すれば、自動的にUIの表示が更新されます。

第2部
Composeを使いこなす

第7章

パフォーマンスの測定と改善

不要な再コンポーズを抑制して
スムーズな表示を実現しよう

第7章 パフォーマンスの測定と改善

不要な再コンポーズを抑制してスムーズな表示を実現しよう

本章では、Composeのパフォーマンスの測定方法と改善方法を説明します。第1章で説明したように、パフォーマンスはComposeの抱える課題の一つです。しかし本章の内容を理解すれば、ほとんどの場面で十分に実用的なパフォーマンスを得られるはずです。

7.1節では、パフォーマンスを追求する前に知っておいてほしいことや注意点などを説明します。

7.2節では、パフォーマンスの測定方法として、Layout Inspector と Profiler を紹介します。

7.3節では、パフォーマンスの改善方法を説明します。最初にパフォーマンスに問題があるコードを紹介し、原因と対策を説明してコードを修正し、改善結果を確認します。

7.1 パフォーマンスを追求する前に

本節では、パフォーマンスの具体的な測定と改善に取り組む前に知っておいてほしいことを説明します。

パフォーマンス悪化の原因

Composeの処理のボトルネックとなるのは、多くの場合、再コンポーズです。以下のような状況では、スクロールやアニメーションが滑らかに動かないなど、パフォーマンスの問題が生じる可能性があります。

- 画面が少しスクロールするたびに再コンポーズが発生している
- アニメーションのフレームごとに再コンポーズが発生している

Composeアプリの開発者としてパフォーマンス改善のためにまず考えるべきことは、不要な再コンポーズを抑制することです。

最新バージョンのComposeの使用

Composeは、バージョン更新のたびにパフォーマンスが改善されています。

「What's new in Jetpack Compose at I/O '24 - Android Developers Blog」[注1] によると、2024年6月リリースのバージョンは、2023年8月のバージョンに比べて描画にかかる時間が半分近くに減少しています。

もし古いバージョンのComposeを使っていてパフォーマンスに悩んでいるなら、まずは最新バージョンの適用を検討してください（Composeのバージョンの指定方法は2.1節を参照してください）。

Strong Skipping Modeの有効化

5.3節で紹介したStrong Skipping Modeは、再コンポーズの実行回数を減らします。

Strong Skipping Modeは、Kotlin 2.0.20からデフォルトで有効になりました。また、Compose Compiler 1.5.4以降であれば設定を変更すれば利用可能です[注2]。

Kotlin 2.0.20未満を利用している場合は、Kotlinのバージョンを2.0.20以降に更新するか、設定を有効にして、パフォーマンスが改善するか試してみてください。

Strong Skipping Modeを有効にするには、appモジュールの`build.gradle.kts`に設定を記述します。Kotlin 2.0.0および2.0.10を使用している場合は、`enableStrongSkippingMode = true`を指定します。

`build.gradle.kts(:app)`
```
android {
    composeCompiler {
        enableStrongSkippingMode = true
    }
}
```

Kotlin 1.9.xを使用している（Compose Compiler 1.5.xを使用している）場合は、`"experimentalStrongSkipping=true"`を指定します。

`build.gradle.kts(:app)`
```
android {
    kotlinOptions {
        freeCompilerArgs = listOf(
            "-P",
            "plugin:androidx.compose.compiler.plugins.kotlin:experimentalStrong
```

注1　https://android-developers.googleblog.com/2024/05/whats-new-in-jetpack-compose-at-io-24.html

注2　Kotlin 2.0.0以降ではCompose CompilerはKotlinにバンドルされるようになったので、Compose Compilerとしてのバージョンは1.5.xが最後で、その次のバージョンはKotlin 2.0.xになります。

```
Skipping=true"
        )
    }
}
```

なお、Kotlin 2.0.20以降はデフォルトで有効になっているので記述は不要ですが、以下のように書かれている場合はStrong Skipping Modeが無効になっているので気をつけてください。

```
build.gradle.kts(:app)
android {
    composeCompiler {
        featureFlags = setOf(
            ComposeFeatureFlag.StrongSkipping.disabled()
        )
    }
}
```

Releaseビルドで確認

Composeアプリのパフォーマンスは、DebugビルドとReleaseビルドで大きく異なる場合があります。Debugビルドでスクロールがカクカクするなどの問題があっても、Releaseビルドで実行すると問題ない場合もあります。

また、R8という最適化ツールを利用することで、より一層のパフォーマンスの改善が期待できます。Android Studioでプロジェクトを作成すると、R8は利用可能ですが無効な状態になっているので、build.gradle.kts(:app)のisMinifyEnabledをtrueに書き換えて有効にします。

```
build.gradle.kts(:app)
android {
    buildTypes {
        release {
            isMinifyEnabled = true // 初期状態ではfalseになっているのでtrueにする
        }
    }
}
```

Debugビルドで開発していてパフォーマンスに問題があることを見つけたら、詳細な測定や改善を行う前に、最適化を有効にしたReleaseビルドで実行して確認しましょう。Releaseビルドでパフォーマンスに問題がなければ、それ以上の調査は不要と考えて良いでしょう。

完璧を求めすぎない

本章ではComposeのパフォーマンス改善のテクニックを紹介しますが、パフォーマンスに気を取られるあまり、アプリの本質的な機能開発が疎かになることは本意ではありません。また、パフォーマンスの最適化を意識しすぎて、コードの可読性が下がることも避けるべきです。

パフォーマンスの測定は、アプリのユーザーの視点で問題が生じている場合に行えばよいでしょう。スクロールやアニメーションが滑らかに動作しないなどの気になるところがあればパフォーマンスを測定し、対策を考えます。特に問題が生じていない画面でパフォーマンスを測定する必要はありません。

パフォーマンスの改善も、完璧を目指す必要はありません。たった1回の余分な再コンポーズの発生原因を探るために時間をかける必要はありません。アプリをReleaseビルドで実行して、動作に問題がなければ良しとしましょう。

Android Studioにはパフォーマンス測定のための便利な機能が搭載されていて、再コンポーズの発生回数や所要時間を可視化できます。これらの数値を見ると、不要な再コンポーズを全て消し去り、1ミリ秒でも早くしたくなってしまいますが、完璧を求めすぎないように注意してください。

7.2 パフォーマンスの測定

本節では、パフォーマンスの測定に使えるAndroid Studioのツールを紹介します。スクロールがスムーズに動かないなどの問題を見つけたら、やみくもにいきなり改善しようとするのではなく、まずは測定しましょう。画面のどの部分の処理が重いのか、どの関数の処理が重いのか、その処理にどれくらい時間がかかっているのかを調べて、修正すべき箇所を明確にしてから改善に取り組むことで、小さな労力で大きな効果を得られます。

Layout Inspectorによる再コンポーズの発生状況の確認

最も手軽に使えるツールは、**Layout Inspector**です。Layout Inspectorを利用すると、再コンポーズの発生状況をリアルタイムに確認できるので、ど

第7章 パフォーマンスの測定と改善
不要な再コンポーズを抑制してスムーズな表示を実現しよう

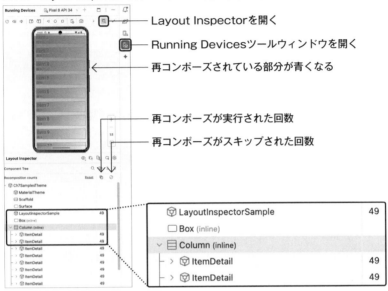

図7.1 Layout Inspectorで再コンポーズの発生状況を確認する

んな操作をしたときにどのコンポーザブル関数で再コンポーズが発生しているかが分かります。

Layout Inspectorは、アプリ実行中に、Android Studioの「Running Devices」ツールウィンドウ内で開きます[注3]。

図7.1は、あえて再コンポーズが大量に発生するように実装した画面をスクロールしたときのLayout Inspectorの様子です。図の上側では、アプリの画面に重なるように、再コンポーズが実行されている領域が青く（紙面ではグレーに）塗りつぶされています。図の下側には、コンポーザブル関数ごとの再コンポーズの実行回数が表示されています。LayoutInspectorSampleと、Columnの下の階層のItemDetailというコンポーザブル関数が頻繁に再コンポーズされていることが分かります。ちなみに、図7.1では表示されていませんが、再コンポーズ実行回数の右側には、再コンポーズがスキップされた数が表示されます。

手軽に再コンポーズの発生状況を調べられるLayout Inspectorですが、弱点もあります。それは、再コンポーズにかかる時間の確認ができないことです。例えば、処理時間が1ミリ秒の再コンポーズが10回発生するよりも、100ミ

注3　Android Studio Jellyfish以降の場合です。Iguana以前は独立したツールウィンドウでした。

7.2 パフォーマンスの測定

リ秒の再コンポーズが1回発生する方が、パフォーマンスに与える影響は大きくなりますが、Layout Inspectorでは再コンポーズの発生回数しか分かりません。時間軸での確認には、次項で説明するProfilerを利用します。

Profilerによるコンポーザブル関数のトレース

時間軸でComposeのパフォーマンスを確認するには、**Profiler**を利用します。Profilerを利用すると、コンポーザブル関数の実行状況をトレースし、実行時間を調べられます。実行に時間がかかっているコンポーザブル関数を重点的に対策することによって、少ない労力でパフォーマンスを大きく改善できます。

◯ トレースの実施例

例として、大きな画像を表示するLargeImageと小さな画像を表示するSmallImageの2つのコンポーザブル関数の実行をトレースしてみます。

```
Column {
    LargeImage()
    SmallImage()
}
```

Profilerの表示は図7.2のようになります。LargeImageの実行には22ミリ秒

図7.2 Profilerでコンポーザブル関数の実行時間を確認する

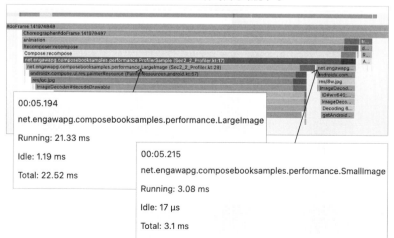

かかっているのに対し、SmallImageは3ミリ秒で実行できていることが分かります[注4]。

○ トレースの準備

コンポーザブル関数の実行をトレースするには、プロジェクトにruntime-tracingの依存を追加する必要があります。

```
libs.versions.toml
[libraries]
androidx-compose-runtime-tracing = { group = "androidx.compose.runtime",
name = "runtime-tracing" }
```

```
build.gradle.kts(:app)
dependencies {
    implementation(libs.androidx.compose.runtime.tracing)
}
```

○ トレースの手順

ここから、Profilerでコンポーザブル関数の実行時間を調べる手順を説明します[注5]。

メニューバーで「Run」⇒「Profiler: Run … as profileable (low overhead)」をクリックして、アプリをプロファイル可能な状態で実行します（**図7.3**）。

するとProfilerが開くので、左側の「Process name」で測定対象のアプリのプロセスが選択されていることを確認し、右側の「Tasks」で「Capture System Activities」を選択し、「Start profiler task」をクリックしてレコーディングを開始します（**図7.4**）。

「Recording...」と表示されたら、測定したい処理をデバイス上で実行し、完了したら「Stop recording and show results」をクリックします（**図7.5**）。

図7.3 プロファイル可能な状態でアプリを実行する

注4 実行時間はデバイスのスペックや状態によって異なります。
注5 ProfilerのUIはAndroid Studioのバージョンによって異なります。ここではAndroid Studio Koala Feature Dropを利用して説明します。

7.2 パフォーマンスの測定

図7.4 レコーディングを開始する

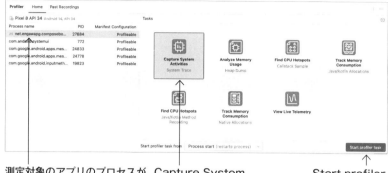

図7.5 レコーディングが開始されたら処理を実行する

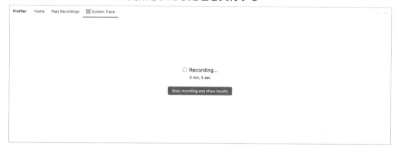

結果が表示されたら、見たい部分を拡大します（図7.6）。操作はW、A、S、Dのキーを使います。WとSでズームインとズームアウト、AとDで左右に移動します。キーが効かない場合は、「CPU Usage」のあたりをマウスで触るとキーが有効になります。拡大していくと、はじめに紹介した図7.2のように、コンポーザブル関数の名前が見えてきます。

トレースエリアの縞模様は、デバイスのフレームレートに対応した描画フレームを表しています。基本的には、コンポーズの処理が縞模様1本分の幅に納まるようにします。処理が間に合わずフレームがスキップされた場合は、Janky framesエリアにマーカーが表示されます。

図7.6 結果が表示されたら見たい部分を拡大して確認する

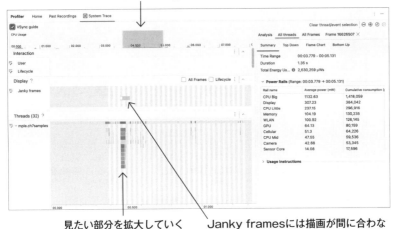

見たい部分を拡大していく / Janky framesには描画が間に合わなかった箇所が可視化される

> **コラム　Perfettoのビューアーの利用**
>
> 　関数実行状況の確認には、Perfettoも利用できます。PerfettoはGoogle製のシステムトレースツールで、ブラウザで動作するトレース結果のビューアーが提供されています[a]。Perfettoのビューアーを利用する場合は、Android Studioで書き出したトレースファイルをビューアーで読み込みます。PerfettoのビューアーはAndroid StudioのProfilerより動作が軽くて使いやすいのですが、一旦ファイルに書き出す手間がかかるので、状況に応じて好みの方を使ってください。
>
> 注a　https://ui.perfetto.dev/

7.3　パフォーマンスの改善

　それでは実際に、問題のあるコードの改善例をいくつか紹介していきます。本章の先頭で述べたとおり、Composeのパフォーマンスの改善で重要なのは、不要な再コンポーズの数を減らすことです。

　これから紹介するテクニックは、パフォーマンスの問題が発覚した場合だけでなく、実装段階で考慮できるものです。しっかり理解して、パフォーマ

7.3 パフォーマンスの改善

ンスの測定が必要にならないような実装をはじめからできると理想的です。

処理を実行するフェーズの変更

コンポーザブル関数の内容が画面に表示されるまでに実行される処理の段階のことを、**フェーズ**と呼びます。ここでは、フェーズを意識してコードを書くことによってパフォーマンスを改善する方法を説明します。

○ 改善前のコード

次のコードは、クリックするとアニメーションしながら拡大するExpandableBoxの例です。

```
@Composable
fun ExpandableBox() {
    var expand by remember { mutableStateOf(false) }
    val boxScale by animateFloatAsState(
        targetValue = if(expand) 2f else 1f, ─❶
        animationSpec = spring(stiffness = Spring.StiffnessVeryLow),
        label = "box-scale"
    )
    Box(
        modifier = Modifier
            .size(100.dp)
            .scale(boxScale) ─❷
            .background(Color.Red)
            .clickable { expand = !expand } ─❸
    )
}
```

Boxをクリックするとexpandの値が変更されます(❸)。expandの値が変化すると、animateFloatAsStateによりboxScaleの値が時間とともに変化します(❶)。boxScaleの値が変化するたびに再コンポーズが実行され、Modifier.scaleによってBoxの大きさが変化します(❷)。結果として、クリックするたびに再コンポーズが数十回実行されます(図7.7)。

このコードの問題点と改善方法を理解するためには、Composeのフェーズについて理解する必要があります。

○ 3つのフェーズ

コンポーザブル関数の内容が画面に表示されるまでには、3つのフェーズ

261

第7章 パフォーマンスの測定と改善
不要な再コンポーズを抑制してスムーズな表示を実現しよう

図7.7 改善前のExpandableBoxの再コンポーズ発生状況

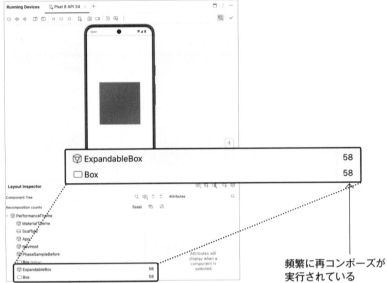

があります。実行順に、コンポジションフェーズ、レイアウトフェーズ、描画フェーズです（**図7.8**）。

- **コンポジションフェーズ**
  画面に何を表示するかを決定するフェーズ。コンポーザブル関数を実行し、コンポジションの木構造を構築および更新する。第5章で詳しく説明したコンポーズおよび再コンポーズは、コンポジションフェーズの処理に相当する

- **レイアウトフェーズ**
  表示の位置とサイズを決定するフェーズ。コンポジションフェーズで決定した木構造の各ノードごとに、位置とサイズを決定する

- **描画フェーズ**
  画面に描画するフェーズ。コンポジションフェーズとレイアウトフェーズで決定した内容に基づき、場合によっては追加の効果を加えて描画する

Stateで表現した状態が変化すると、Composeは基本的には3つのフェーズを順番に再実行し、表示を更新します。ただし、その状態の変化がフェーズの処理に影響を与えない場合、そのフェーズの処理をスキップします。

3つのフェーズの中で最も処理負荷が高いのは、コンポジションフェーズ、すなわち再コンポーズです。したがって、コンポジションフェーズをスキップできれば、パフォーマンスの改善につながります。そのためには、状態を

図7.8 Composeのフェーズ

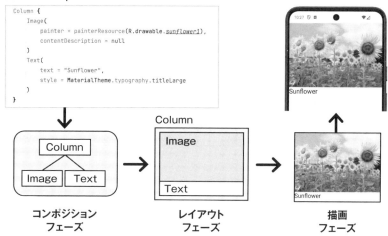

参照するコードをレイアウトフェーズや描画フェーズに記述します。

○ 改善後のコード

先述のコードの問題点は、頻繁に変化するboxScaleをModifier.scaleが参照していることです。Modifier.scaleはコンポーザブル関数のスコープ内でboxScaleを参照するので、コンポジションフェーズで実行されます。結果として、再コンポーズが頻繁に発生し、パフォーマンスに影響を及ぼします。

そこで、boxScaleを参照する処理を別のフェーズに移動します。レイアウトフェーズや描画フェーズで処理を行うには、ラムダの引数を受け取るModifier関数を利用します。今回の場合は、Modifier.scaleの代わりに、描画レイヤーで動作するModifier.graphicsLayerを利用します。

```
fun Modifier.graphicsLayer(block: GraphicsLayerScope.() -> Unit): Modifier
```

Modifier.graphicsLayerは、引数のラムダの処理を描画フェーズで実行します。ラムダ内にスケール、透明度、オフセット、回転などの効果を記述すると、レイアウトフェーズで配置済みのコンポーネントに対して、描画フェーズでそれらの効果を適用します。

Modifier.graphicsLayerを利用したExpandableBoxのコードを下記に示します。

```
@Composable
fun ExpandableBox() {
    (省略)
```

第7章 パフォーマンスの測定と改善
不要な再コンポーズを抑制してスムーズな表示を実現しよう

図7.9 改善後のExpandableBoxの再コンポーズ発生状況

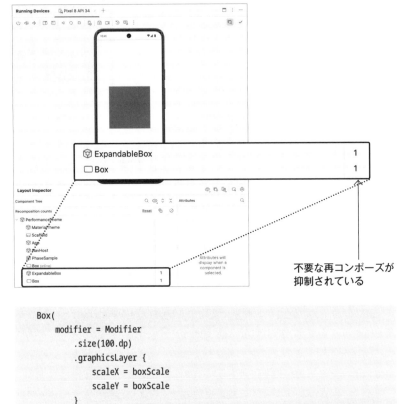

不要な再コンポーズが
抑制されている

```
    Box(
        modifier = Modifier
            .size(100.dp)
            .graphicsLayer {
                scaleX = boxScale
                scaleY = boxScale
            }
            .background(Color.Red)
            .clickable { expand = !expand }
    )
}
```

このコードを実行し、改めてLayout Inspectorを確認すると、不要な再コンポーズが抑制されていることが分かります（**図7.9**）。なお、1回だけ発生している再コンポーズは、expandの値の変化によるものです。

○ ラムダを受け取るModifier関数

一般に、値を受け取るタイプのModifier関数を使ってコンポーザブルの見た目を変更すると、その処理はコンポジションフェーズで実行されます。一方、Modifier関数の引数のラムダ内でコンポーザブルの見た目を変更すると、その処理はレイアウトフェーズまたは描画フェーズで実行されます。

7.3 パフォーマンスの改善

表7.1 異なるフェーズで動作するModifier関数

用途	コンポジションフェーズ	レイアウトまたは描画フェーズ
背景色	background(c)	drawBehind { drawRect(c) }
位置	offset(x.dp, y.dp)	offset { IntOffset(x.dp.roundToPx(), y.dp.roundToPx()) }
倍率	scale(s)	graphicsLayer { scaleX = s; scaleY = s }
透過	alpha(a)	graphicsLayer { alpha = a }
回転	rotate(r)	graphicsLayer { rotationZ = r }

表7.1は、コンポジションフェーズで動作するModifier関数と、同等の処理をレイアウトフェーズまたは描画フェーズで実行するModifier関数の例です。頻繁に変化する値を利用する場合は、後者を利用してパフォーマンスの悪化を防ぎましょう。逆に値があまり変化しない場合は、コードの読みやすさを重視して前者のModifier関数を利用しましょう。

derivedStateOfで状態を変換

次に紹介するのは、状態を変換する方法です。derivedStateOfは、頻繁に変化する状態を、使いやすい別の状態に変換するAPIです。元々の状態が変化するたびに再コンポーズさせるのではなく、特定の条件を満たしたときだけ再コンポーズさせて、パフォーマンスを改善します。

● 改善前のコード

次のコードは、100個の要素を持つLazyColumnを表示し、半分以上スクロールしている場合にボタンを有効にする例です。

```
@Composable
fun ListWithConditionalButton() {
    Column（省略）{
        val itemCount = 100
        val listState = rememberLazyListState()
        LazyColumn(state = listState, （省略）) {
            items(itemCount) { index ->
                Text("Item $index", （省略）)
            }
        }

        val buttonEnabled = listState.firstVisibleItemIndex > itemCount / 2 —❶
        Button(
            enabled = buttonEnabled,
```

265

第7章 パフォーマンスの測定と改善
不要な再コンポーズを抑制してスムーズな表示を実現しよう

```
            onClick = {}
        ) { Text("Button") }
    }
}
```

❶で、ボタンを有効にするかどうかの判定をしています。listState.firstVisibleItemIndexは、画面の一番上に表示されているリストの要素のインデックスを示す状態です。

この実装では、リストを要素1つ分スクロールするたびにfirstVisibleItemIndexの値が変化し、そのたびに再コンポーズが実行されます。リストを上から下までスクロールする間に何十回も再コンポーズが実行されることになり、パフォーマンス悪化につながります（**図7.10**）。

ちなみに、上記のコードの❶の部分には、Android Studioが「Frequently changing state should not be directly read in composable function（頻繁に変化する状態はコンポーザブル関数内で直接読み取るべきではない）」と警告を表示します。

図7.10 改善前のListWithConditionalButtonの再コンポーズ発生状況

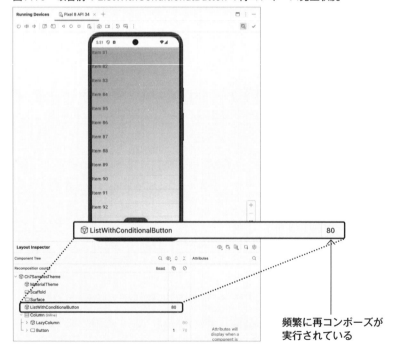

頻繁に再コンポーズが実行されている

● 改善後のコード

今回の例で本当に再コンポーズが必要なのは、listState.firstVisibleItemIndex > itemCount / 2という式の結果が変化したときだけです。そこで、derivedStateOfを用いてbuttonEnabledの定義を下記のように書き換えます。

```
val buttonEnabled by remember {
    derivedStateOf { listState.firstVisibleItemIndex > itemCount / 2 }
}
```

derivedStateOfは、引数のラムダの計算結果を値とする新たなStateを作成します。ここではfirstVisibleItemIndexが閾値より大きいか小さいかをBooleanで表すStateが作成されます。再コンポーズが実行されるのは、この新たなStateの値が変化したとき、すなわち、firstVisibleItemIndexの値がitemCount / 2を上回ったときと下回ったときだけになります。リストを上から下までスクロールする間に再コンポーズが実行されるのは1回だけになります（**図7.11**）。

なお、derivedStateOfをrememberで囲う必要があることに注意してくださ

図7.11　改善後のListWithConditionalButtonの再コンポーズ発生状況

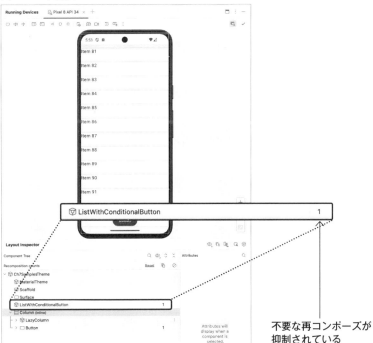

い。derivedStateOfの戻り値はStateなので、再コンポーズを超えて保持する必要があります。Stateとrememberの関係は5.4節で説明しました。

アノテーションによる型の安定化

次に、不安定な型を安定とみなすことによってパフォーマンスを改善する方法を説明します。

型の安定と再コンポーズのスキップの関係については、第5章で説明しました。再コンポーズがスキップされる条件はStrong Skipping Modeが有効かどうかによって変わりますが、ここでは有効になっている前提で説明します。

Strong Skipping Modeを導入すると、コードを特に工夫しなくても冗長な再コンポーズは減りますが、それでも再コンポーズが防げない場合があります。不安定な型のインスタンスが作り直される場合です。

ここで、コンポーザブル関数の再コンポーズがスキップされる条件を復習しておきましょう。以下の2つの条件を満たす場合に、再コンポーズはスキップされます。

- 全ての安定な引数について、前回と今回のオブジェクトを == で比較した結果が等しい
- 全ての不安定な引数について、前回と今回のオブジェクトを === で比較した結果が等しい

重要なのは、不安定な型の引数は、インスタンスが同一かどうかがチェックされるという点です。オブジェクトのプロパティはチェックされないので、中身が同じでもインスタンスが異なれば再コンポーズが実施されます。

この性質は、前章で説明した宣言的なデータフローと組み合わせたときに問題になる場合があります。具体例を見ていきましょう。

○ 改善前のコード

図7.12のようにユーザー一覧を表示する例を考えます。

ユーザー情報は、次に示すUserクラスで表現します。

```
data class User(
    val id: Int,
    val name: String,
    val iconUrl: URL
)
```

図7.12 ユーザー一覧の表示

ユーザー情報はUserModelクラスが管理しています。fetchUsersでユーザーのリストを取得し、addUserでユーザーを追加します。サンプルコードは、簡単のためにfetchUsersを呼び出すたびにUserのリストを作成して返していますが、実際のアプリではサーバーから取得したデータをもとにUserのリストを作成する処理が書かれることが多いでしょう。

```
class UserModel {
    private var numOfUsers = 3

    fun fetchUsers(): List<User> {
        return List(numOfUsers) {
            User(
                id = it,
                name = "User $it",
                iconUrl = URL("https://example.com/user$it.png")
            )
        }
    }

    fun addUser() {
        numOfUsers++
    }
}
```

ViewModelのコードを下記に示します。単純化するためUiStateは省略し、UserModelから取得したUserのリストをStateFlowとして公開しています。

```
class UserViewModel : ViewModel() {
    private val userModel = UserModel()
```

第7章 パフォーマンスの測定と改善
不要な再コンポーズを抑制してスムーズな表示を実現しよう

```
    private val _users = MutableStateFlow(userModel.fetchUsers())
    val users = _users.asStateFlow()

    fun addUser() {
        userModel.addUser()
        _users.value = userModel.fetchUsers()
    }
}
```

コンポーザブル関数のコードは下記のとおりです。ViewModelからUserの
リストを取得し、UserListItemに渡しています。また、ボタンをクリックす
るとViewModelのaddUserを呼び出してユーザーを追加します。

```
@Composable
fun UserList(viewModel: UserViewModel = viewModel()) {
    val users by viewModel.users.collectAsStateWithLifecycle()
    Column {
        Button(onClick = viewModel::addUser) {
            Text("Add User")
        }
        for (user in users) {
            UserListItem(user)
        }
    }
}

@Composable
fun UserListItem(user: User) {
    ListItem(
        headlineContent = { Text(user.name) },
        supportingContent = { Text("ID: ${user.id}") }
    )
}
```

ここまでに記載したコードは、一部簡略化していますが、概ね第6章で紹
介した宣言的データフローに従った構成になっています。ところが、ボタン
をクリックしてユーザーを追加するたびに、Columnに含まれるUserListItem
が全て再コンポーズされます（**図7.13**）。リストの要素が多い場合は、パフォ
ーマンスに影響が出る可能性があります。

○ 再コンポーズの要因
この再コンポーズは、以下の2つの要因の組み合わせにより発生しています。

270

図7.13　改善前のUserListItemの再コンポーズの発生状況

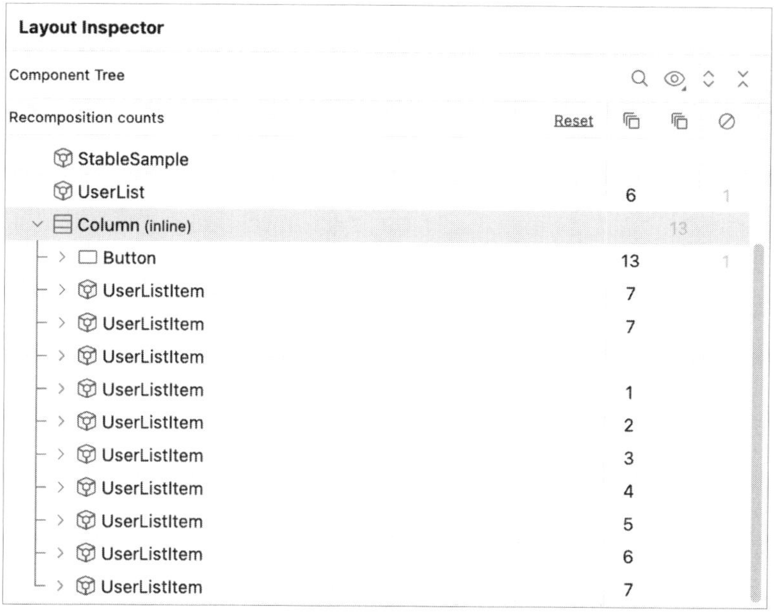

・Userクラスが不安定である
・ボタンクリックのたびにUserオブジェクトが作り直される

　1つめの要因のUserクラスが不安定な理由は、URL型のプロパティが存在することです。

```
data class User(
    val id: Int,
    val name: String,
    val iconUrl: URL
)
```

　クラスが安定かどうかは、Compose Compilerがコードをコンパイルするときに判定します。その際、URLのように、Compose Compilerを利用していない環境でビルドされたモジュールやライブラリが提供する型は、不安定であるとみなされます。結果として、不安定なURL型をプロパティとして持つUserクラスも不安定と判定されます。

　次に、2つめの要因のオブジェクトの作り直しについて確認します。ボタンクリックのたびにUserオブジェクトを作り直しているのは、UserModelクラスのfetchUsersです。

第7章 パフォーマンスの測定と改善
不要な再コンポーズを抑制してスムーズな表示を実現しよう

```
fun fetchUsers(): List<User> {
    return List(numOfUsers) {
        User( （省略） )
    }
}
```

　fetchUsersはサーバーからユーザーのリストを取得することをシミュレートした関数です。実際のアプリでは、APIのレスポンスを元にUserのリストを作成することになります。いずれにしても、ここでUserクラスのオブジェクトが新しく作られ、それがUserListItemコンポーザブル関数の引数として渡されます。

```
@Composable
fun UserListItem(user: User) { （省略） }
```

　Strong Skipping Modeが有効な場合、不安定な型の引数は、インスタンスが同一であれば再コンポーズはスキップされます。しかし今回の例では、UserListItemには毎回異なるUserのインスタンスが渡されるため、UserListItemは再コンポーズされます。結果的に、ボタンをクリックするたびに全てのUserListItemが再コンポーズされることになります。

○ 改善後のコード

　今回のコードを改善するために、Userクラスを安定した型として扱えるようにします。利用するのは、@Immutableアノテーションです。

　Immutable（イミュータブル、不変）とは、インスタンス作成後に値が変更されないことです。@Immutableをクラスに付与すると、Compose Compilerはそのクラスを不変とみなし、安定な型として扱います。再コンポーズをスキップするかどうかの判定は、インスタンスの同一性(===)ではなく、オブジェクトの同一性(==)で行われるようになります。

　今回のUserはインスタンス作成後に変更しない想定なので@Immutableを付与します。以下のようにUserクラスに@Immutableアノテーションを付与すると、Userは安定した型とみなされ、UserListItemの再コンポーズはスキップされるようになります。

```
@Immutable
data class User(
    （省略）
)
```

図7.14は、改善後のUserListの再コンポーズの発生状況です。ボタンをクリックするたびに親コンポーザブルのUserListが再コンポーズされますが、子コンポーザブルのUserListItemは全てスキップされていることが分かります。

@Immutableを使う上での注意事項は、このアノテーションはコンパイラに対して型を不変とみなすように指示するだけで、実際にこれらのクラスが不変になるわけではないという点です。Userクラスに可変なプロパティを定義しても、コンパイラはエラーを出しません。@Immutableを付与したクラスを実際に不変なクラスとして運用するのは、開発者の責任です。

なお、@Immutableと似た働きをする@Stableというアノテーションもあります。@Stableを付与すると、Compose Compilerはそのクラスを安定とみなします。@Stableは、不変ではないが、変更をComposeが検知できる（つまり、変更されるプロパティがMutableStateで表現されている）クラスに対して付与します。ただし、Strong Skipping Modeを有効にしている場合、@Stableアノテーションが必要になるケースは少ないでしょう。

図7.14　改善後のUserListItemの再コンポーズの発生状況

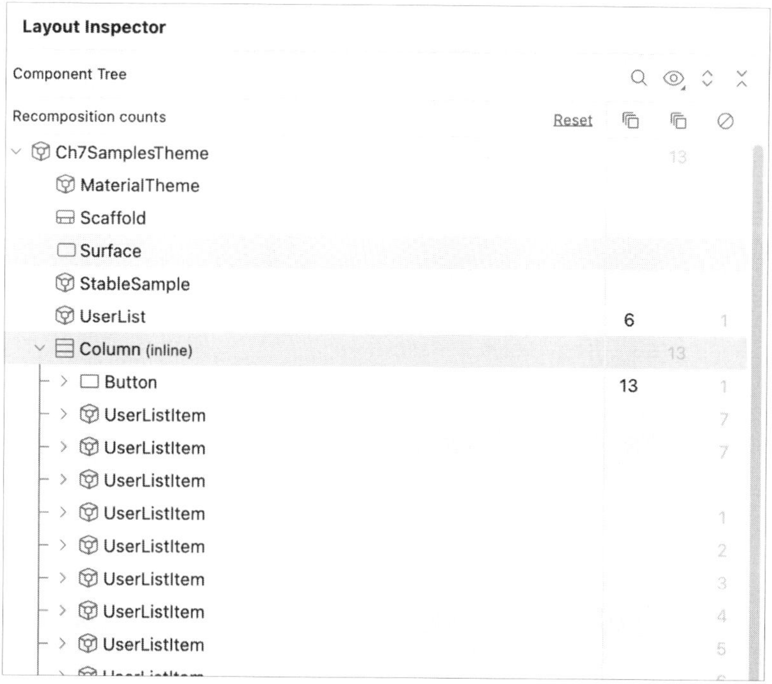

第7章 | パフォーマンスの測定と改善
不要な再コンポーズを抑制してスムーズな表示を実現しよう

keyの利用

前項では@ImmutableアノテーションをUserクラスに付与することで、
UserListItemの再コンポーズを防ぎました。しかしこれだけでは、まだ問題
が起きる場合があります。リストの先頭に新しいUserが追加される場合です。

前項のサンプルでは、ボタンをクリックすると、新しいユーザーがリスト
の末尾に追加されていました。これを、新しいユーザーがリストの先頭に追
加されるように変更します。

UserModelのfetchUsersが返すUserのリストを逆順にして、idが大きい順
にUserが並んだ状態にします。これで、addUserを呼び出すと、リストの先
頭に新しいUserが追加されます。

```
fun fetchUsers(): List<User> {
    return List(numOfUsers) {
        User(
            id = it,
            name = "User $it",
            iconUrl = URL("https://example.com/user$it.png")
        )
    }.reversed() // 順序を入れ替えるコードを追加
}
```

● 改善前のコード

前項のリスト表示部分のコンポーザブル関数のコードを再掲します。Column
を利用してUserListItemを並べて、Userの一覧を表示していました。

```
@Composable
fun UserList(viewModel: UserViewModel = viewModel()) {
    val users by viewModel.users.collectAsStateWithLifecycle()
    Column {
        Button(onClick = viewModel::addUser) {
            Text("Add User")
        }
        for (user in users) {
            UserListItem(user)
        }
    }
}
```

リストの先頭に新しいUserが追加されるとusersが新しくなって再コンポ
ーズが実施されますが、Composeはリストのどの位置に新しいUserが追加さ

図7.15 コンポーザブルの位置で比較

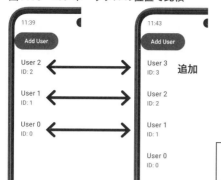

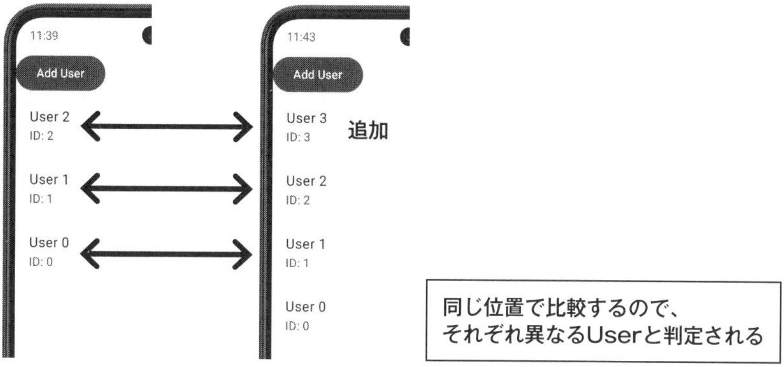

れたかを知りません。そのため、Column内の同じ位置のUserListItemに渡されるUserを再コンポーズの前後で比較し、再コンポーズをスキップできるかどうかを判定します。その結果、**図7.15**に示すように全てのUserListItemのUserが前回のコンポーズ時と異なると判定され、全てのUserListItemが再コンポーズされます。

○ 改善後のコード

リストの先頭に新しいUserが追加されても再コンポーズをスキップできるようにするには、UserListItemをkeyコンポーザブルで囲みます。

```
Column {
    (省略)
    for (user in users) {
        key(user.id) { // 追加
            UserListItem(user)
        }
    }
}
```

keyコンポーザブルに渡す値は、コンポーザブルの識別子になります。ここでは、User.idを一意な識別子として利用しています。これで、Composeは位置ではなくkeyの値でUserListItemを識別できるようになります（**図7.16**）。結果として、再コンポーズの前後でUserが変化しなくなり、UserListItemの再コンポーズがスキップされます。

なお、LazyColumnやLazyRowで利用するitemやitemsは引数にkeyを指定できます。これらの引数のkeyも、keyコンポーザブルと同様の働きをします。

図7.16 コンポーザブルのkeyで比較

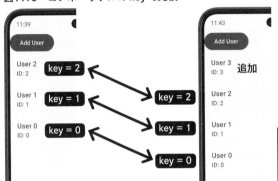

```
LazyColumn {
    items(items = users, key = { it.id }) {
        UserListItem(it)
    }
}
```

Lazyコンポーザブルの利用

最後に、Profilerを用いて改善結果を確認できる例を1つ紹介します。Lazyコンポーザブルを利用して一度にコンポーズする要素の数を減らすことで、関数の実行時間が短くなることを確認します。ここではLazyColumnの例を紹介しますが、第4章で説明したいろいろなLazyコンポーザブルで同様の効果が期待できます。

○ 改善前のコード

次のコードは、1000個の要素を持つリストをColumnを使って表示する例です。リストの内容はテキストを1行表示するだけのシンプルなものです。

```
@Composable
fun LargeList() {
    Column {
        repeat(1000) {
            ListItem(
                headlineContent = { Text("Item $it") }
            )
        }
    }
}
```

図7.17　改善前のLargeListの実行時間

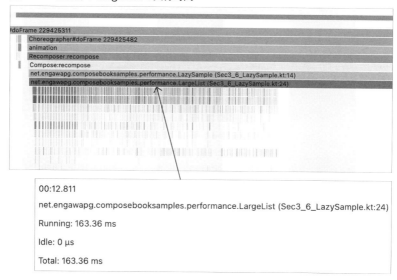

このLargeListの実行時間をProfilerを使って計測した結果を**図7.17**に示します。シンプルなリストですが、一度に1000個の要素をコンポーズするため、100ミリ秒以上も時間がかかっています[注6]。

○ 改善後のコード

先ほどのコードの問題は、リストの要素が多いにもかかわらずColumnを使っていることです。Columnは画面に収まらない要素も含めて全ての要素を一度にコンポーズするため、要素数に比例して実行時間が長くなります。

リストのように多くの要素を繰り返し表示するには、Lazyコンポーザブルを利用します。先ほどのコードは、LazyColumnを利用して下記のように書き換えられます。

```
@Composable
fun LargeList() {
    LazyColumn {
        items(1000) {
            ListItem(
                headlineContent = { Text("Item $it") }
            )
        }
    }
```

注6　実行時間はデバイスのスペックや状態によって異なります。

第7章 パフォーマンスの測定と改善
不要な再コンポーズを抑制してスムーズな表示を実現しよう

```
    }
}
```

　LazyColumnを利用したLargeListの実行時間を計測した結果を**図7.18**に示します（**図7.17**とは縮尺が異なります）。画面に表示される範囲の要素だけを表示するため、実行にかかる時間は短くなり、10ミリ秒以下になっています。

　Lazyコンポーザブルを利用することによって、関数の実行時間が大幅に短くなることを確認できました。

図7.18　改善後のLargeListの実行時間

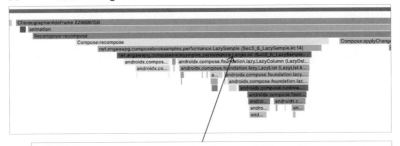

> **コラム　Baseline Profile**
>
> 　Androidアプリのパフォーマンスの改善手段の一つとして、Baseline Profileがあります。Baseline Profileを使用すると、通常は実行時に行うライブラリのコードのコンパイルを、あらかじめ済ませた状態でアプリを配布できます。そのためアプリインストール直後のパフォーマンスが改善します。
>
> 　Baseline Profileは、Composeのパフォーマンス改善の手法としてもしばしば紹介されます。実際、Baseline Profileはライブラリの実行速度そのものを改善するため、再コンポーズだけでなく初回コンポーズの速度も改善します。ただ、Baseline ProfileはCompose特有のテクニックではないため、本書での解説は割愛します。興味がある人は「Use a baseline profile - developer.android.com」[注b]を参考に導入してみてください。
>
> **注b**　https://developer.android.com/develop/ui/compose/performance/baseline-profiles

7.4 まとめ

本章では、Composeのパフォーマンスの測定方法と改善方法を説明しました。

・コード上でパフォーマンスが悪い原因を探る前に、Composeのバージョンを更新し、Strong Skipping Modeを有効にして、要領よくパフォーマンスを改善しましょう。

・Layout Inspectorを使うと、再コンポーズが発生するコンポーザブル関数をリアルタイムに確認できます。

・Profilerを使うと、コンポーザブル関数の実行にかかる時間を測定できます。

・コンポーザブル関数の内容が画面に表示されるまでには、コンポジションフェーズ、レイアウトフェーズ、描画フェーズの3つのフェーズがあります。ラムダを引数として受け取るModifier関数を利用すると、処理負荷が高いコンポジションフェーズをスキップし、パフォーマンスを改善できます。

・derivedStateOfを使うと、ある状態を別の状態に変換できます。頻繁に値が変化する状態を直接参照するのではなく、特定の条件を満たしたときだけ値が変化する状態に変換して参照すると、再コンポーズを抑制できます。

・クラスに@Immutableを付与すると、Compose Compilerがそのクラスを安定した型とみなします。不安定な型のインスタンスが新しく作り直される場合には、このアノテーションを利用して再コンポーズを抑制できます。

・keyを利用すると、コンポーザブルを識別できます。リストの項目の位置が変化する場合は、keyに一意な値を指定して再コンポーズを抑制できます。

・多くの要素を繰り返し表示する場合は、Lazyコンポーザブルを利用すると、表示にかかる時間を大幅に短くできます。

第2部

Composeを使いこなす

第8章

Composeのテスト

UIコンポーネントのテストを書いて
信頼性の高いUIを構築しよう

第8章 Composeのテスト
UIコンポーネントのテストを書いて信頼性の高いUIを構築しよう

本章ではComposeのテストについて説明します。

ComposeフレームワークにはテストのためのAPIが含まれており、気軽にテストを書くことができます。また、ローカルマシン内で実行できるテストの範囲が広いので、気軽に実行することができます。コンポーズのテストについて学び、信頼性の高いUIを構築しましょう。

8.1節では、Composeのテストの目的について確認します。

8.2節では、Composeのテストの構成について説明します。UIの処理を4つのステップに分離したうえで3つのテストに割り当て、どのテストで何を検証するのかを明確にします。

8.3節から8.6節では、テスト対象となるコンポーザブルを紹介し、3つのテストの記述方法をそれぞれ具体的に説明します。

8.1 テストの目的

Composeに限らず、ソフトウェアのテストは目的を意識することが大切です。本節では、Composeのテストの目的を2つ説明します。

UIコンポーネントの動作を保証する

Composeのテストの目的の1つめは、自作したUIコンポーネントの動作が意図どおりであることの保証です。これを実現するのがComposeの**単体テスト**です。

一般に、単体テスト[注1]とは、機能的にまとまった1つの構成単位（クラス、モジュールなど）が意図どおりの振る舞いをしているかを確認するテストのことです。Composeにおいては1つのUIコンポーネントが1つの構成単位と考えられるので、UIコンポーネントの動作のテストを、Composeの単体テストと呼ぶことにします。

単体テストを実施するメリットは、小さな構成単位の動作の正しさを保証することで、それを組み合わせて大きな機能を構築したときに問題が起こりにくくなることです。Composeの単体テストにおいても、小さなUIコンポー

注1 ユニットテストとも呼びます。

ネントの動作が正しければ、それを組み合わせて1つの画面を構築したときに問題が起こりにくくなります。

また、コードに変更を加えるたびに単体テストを実施することで、問題点の早期発見につながります。

さまざまな環境での表示を検証する

Composeのテストの目的の2つめは、さまざまな環境での表示に問題がないことを、効率的に確認することです。

Androidアプリは、さまざまな環境で実行されます。ComposeのUIの観点に限定しても、以下のような要素がUI表示に影響を与えます。

・**画面サイズ**
・**ダークモード設定**
・**言語設定**
・**文字サイズ設定**

「ダークモードのときに文字が見えない」「文字サイズを大きくすると画面の端のボタンが押せない」といったミスはありがちですが、これらの環境を一つ一つ切り替えながら検証するのは非常に手間がかかります。

そこで、Composeのプレビュー機能を活用し、上記のような異なる環境での表示をまとめて確認します。さまざまな環境での表示を効率的に確認して、アプリの品質を高めましょう。

8.2 Composeのテストの構成

本節ではUIの処理を複数のステップに分割し、それぞれのステップで何をテストすべきかを考えて、Composeのテストの全体像を把握します。

ComposeのUIの処理は、**図8.1**のステップに分解して考えることができます。

①初期状態を作成する
②状態に応じたUIを画面に描画する
③タッチやジェスチャーなどのUIイベントを検出する

図8.1 ComposeのUIの処理ステップ

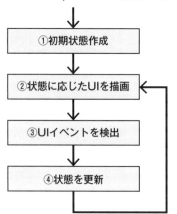

④イベントの内容に従って状態を変更し、②へ。以下、②〜④を繰り返す

この4ステップを検証するためのテストの構成を下記に示します。

・UIロジックの検証
ステップ①と④の検証。UIの状態を表現するオブジェクトの作成と更新のロジックを確認する

・コンポーザブルの振る舞いの検証
ステップ③の検証。タッチやジェスチャーなどのイベントを正しく受け取れることを確認する。同時に、イベントを起点としてコンポーザブルが動的に更新され、ステップ②、③、④のループが回ることも確認する

・コンポーザブルの表示の検証
ステップ②の検証。状態に応じたコンポーザブルの静的な表示を確認する

この3項目をテストすることで、ComposeのUIの処理を過不足なく検証することができます。

8.3 テスト対象のコンポーザブル

本節では、本章の残りの部分で説明する単体テストの対象となるコードを紹介します。図8.2は、ショッピングアプリでよく見かける、ボタンで数量を指定するコンポーザブルです。

図8.2 ボタンで数量を指定するコンポーザブル

ボタンで数量を指定するQuantityPickerコンポーザブルのコードを下記に示します。

```
@Composable
fun QuantityPicker(state: QuantityPickerState, modifier: Modifier = Modifier) {
    Row(
        verticalAlignment = Alignment.CenterVertically,
        modifier = modifier
    ) {
        IconButton(
            enabled = !state.isMinQuantity(), ―❶
            onClick = { state.decrease() } ―❷
        ) {
            Icon(
                painter = painterResource(R.drawable.minus_circle),
                contentDescription = "Decrease quantity"
            )
        }
        Text(
            text = state.quantity.toString(), ―❸
            style = MaterialTheme.typography.titleLarge
        )
        IconButton(
            enabled = !state.isMaxQuantity(), ―❹
            onClick = { state.increase() } ―❺
        ) {
            Icon(
                painter = painterResource(R.drawable.plus_circle),
                contentDescription = "Increase quantity"
            )
        }
    }
}
```

2つのIconButtonとTextをRowで横に並べています。QuantityPicker自体はステートレスなコンポーザブルになっていて、状態は引数で外部から渡されるQuantityPickerStateが管理します。QuantityPickerStateの状態に従って数量を表示し（❸）、数量が最大値または最小値に達しているときはボタンを無効にします（❶❹）。ボタンを押すとQuantityPickerStateの処理を呼び出し、数量を変更します（❷❺）。

QuantityPickerStateのコードは下記のとおりです。

```
class QuantityPickerState(
    private val minQuantity: Int,
    private val maxQuantity: Int,
    initialQuantity: Int
) {
    var quantity by mutableIntStateOf(
        initialQuantity.coerceIn(minQuantity, maxQuantity)
    )
        private set

    fun isMaxQuantity() = quantity >= maxQuantity
    fun isMinQuantity() = quantity <= minQuantity

    fun increase() {
        if (!isMaxQuantity()) {
            quantity++
        }
    }

    fun decrease() {
        if (!isMinQuantity()) {
            quantity--
        }
    }
}
```

QuantityPickerStateが保持している数量はquantityプロパティで参照できます。クラス内部ではquantityはMutableIntStateで定義されているので、quantityが変化すると、参照しているコンポーザブルが再コンポーズされます。minQuantityプロパティとmaxQuantityプロパティは、最小値と最大値を保持します。外部公開関数としては、現在指定している数量が最大値または最小値かどうかを調べる関数と、数量を一つずつ増減させる関数を用意しています。

次節からは、QuantityPickerとQuantityPickerStateを検証するテストを説明していきます。

8.4 UIロジックの検証

はじめに扱うのは、UIロジックのテストです。UIのための状態を保持する

QuantityPickerStateの振る舞いをテストします。

QuantityPickerStateはComposeの状態を保持するクラスですが、UIから切り離されているので、Compose特有のテクニックを使わず、通常のKotlinのクラスの単体テストとして記述できます。本節でははじめてAndroidのテストに取り組む人にも分かるように、テストの書き方や実行方法を丁寧に説明しますが、Androidのテストを書き方を知っている人は、本節を飛ばして次節に進んでも問題ありません。

UIロジックのテストコード

Androidのプロジェクトでは、テストコードはtestソースセットに配置します。

ソースセットとは、目的別に分類したソースコードのグループです。

Android Studioでプロジェクトを作成すると、testソースセットが自動で作成されているので、その中にQuantityPickerStateTest.ktを作成します（**図8.3**）。

作成したファイルに、QuantityPickerStateTestクラスを定義します。ここでは例として次の2つのテストケースを記述します。

・数量を増やせる
・数量が上限に達しているときはそれ以上増やせない

図8.3 testソースセットにテストコードのファイルを作成

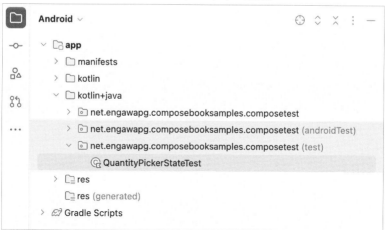

第8章 Composeのテスト

UIコンポーネントのテストを書いて信頼性の高いUIを構築しよう

```kotlin
QuantityPickerStateTest.kt
class QuantityPickerStateTest {
    @Test
    fun quantity_can_be_increased() {
        // 準備
        val state = QuantityPickerState(
            minQuantity = 0,
            maxQuantity = 10,
            initialQuantity = 9
        )                                        ❶

        // 実行
        state.increase()  ❷

        // 確認
        assertThat(state.quantity).isEqualTo(10)  ❸
    }

    @Test
    fun quantity_cannot_be_increased_if_equals_to_maximum() {
        // 準備
        val state = QuantityPickerState(
            minQuantity = 0,
            maxQuantity = 10,
            initialQuantity = 10
        )

        // 実行
        state.increase()

        // 確認
        assertThat(state.quantity).isEqualTo(10)
    }
}
```

まずは細かい記述方法は気にせず、何をやっているかを見ていきましょう。

quantity_can_be_increased は、数量を増やせることを検証するテストケースです。単体テストは、「準備」「実行」「確認」のコードで構成されるのが一般的です。❶で、最大値が10、現在の数量が9のQuantityPickerStateを作成し、テストのための環境を「準備」しています。❷で「実行」しているincreaseが、このテストケースのテスト対象です。❸で数量が1増えて10になっていることを「確認」しています。

quantity_cannot_be_increased_if_equals_to_maximum もコードの構成は同じです。こちらは、最大値が10、現在の数量も10のQuantityPickerState

を作成し、increaseを呼び出しても数量が変化しないことを確認しています。

紙面では割愛しますが、残りの関数のテストやインスタンス作成のテストも同じように記述できます。

テストの実行

このテストを実行するには、QuantityPickerStateTest.ktを開いたときにクラス名の横に表示されている緑色の三角のアイコンをクリックし、「Run」をクリックします（**図8.4**）。

実行結果は「Run」ウィンドウに表示されます。2つのテストケースに緑のチェックマークが表示され、テストが成功したことが確認できます（**図8.5**）。

試しにテストをあえて失敗させてみましょう。QuantityPickerState.increaseのif文をコメントアウトし、無条件に数量が増加するように変更します。

図8.4　テストの実行手順

図8.5　テストの実行結果（成功した場合）

第8章 Composeのテスト
UIコンポーネントのテストを書いて信頼性の高いUIを構築しよう

図8.6 テストの実行結果（失敗した場合）

図8.7 テスト失敗のエラーメッセージ

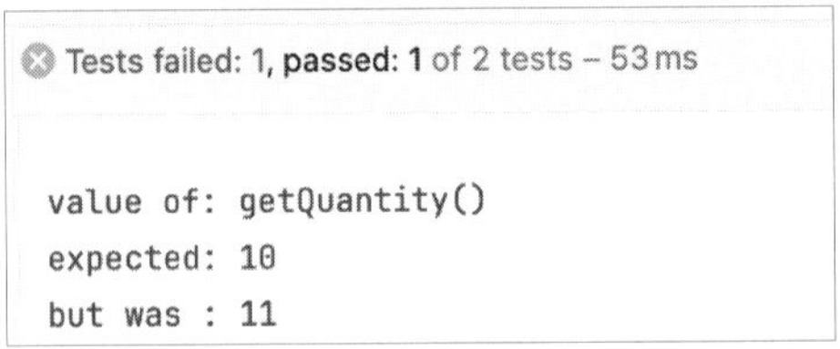

```
Tests failed: 1, passed: 1 of 2 tests – 53 ms

value of: getQuantity()
expected: 10
but was : 11
```

```
fun increase() {
    // if (!isMaxQuantity()) {
        _quantity++
    // }
}
```

この状態で再びテストを実行すると、テストケースの一つ、quantity_cannot_be_increased_if_equals_to_maximumが失敗していることが分かります（図8.6）。

エラーメッセージを見ると、数量が10になるべきなのに実際は11になっていたため、テストが失敗したことが分かります（図8.7）。上限値を超えた値を作成できてしまうというコードの問題点を、正しく指摘できています。

JUnit4による単体テスト

Android開発における単体テストは、**JUnit4**[注2]というテストフレームワークが広く利用されています。Android Studioでプロジェクトを作成すると、は

注2 https://junit.org/junit4/

じめからJUnit4によるテストが記述可能な状態になっています。

Androidプロジェクトで利用可能なテストフレームワークとしては、JUnit4より新しいJUnit5や、Kotlinに特化したKotestなどもありますが、本書執筆時点でComposeとRobolectric[注3]が対応しているのはJUnit4なので、Composeのテストには JUnit4を使います。

JUnit4のテストケースは、@Testアノテーションを付与した関数で記述します。先ほどのサンプルの2つの関数にも、@Testアノテーションを付与しています。

```
@Test
fun quantity_can_be_increased() { （省略） }

@Test
fun quantity_cannot_be_increased_if_equals_to_maximum() { （省略） }
```

Truthによる可読性向上

テストケースは、assert関数の実行に成功したらPassed、失敗したらFailedと判定されます。JUnitにもassert関数は用意されていますが、ここでは読みやすいコードで記述できる **Truth** というライブラリを使います。

Truth[注4]はGoogleが提供しているアサーションライブラリで、テストケースが満たすべき結果を分かりやすく記述することができます。

先ほどのテストケースquantity_can_be_increasedの最後の行は、TruthのAPIを利用して以下のように書いていました。

```
assertThat(state.quantity).isEqualTo(10)
```

「state.quantityが10に等しいことを期待する」というように、テストで期待する結果を自然言語に近い形で記述できています。

Truthで利用できるAPIを調べるには、Android Studioの補完機能を利用するのが早いです。assertThat(state.quantity).まで入力すると、**図8.8**のように利用できるAPIの一覧が表示されます。

APIの名前から用途が想像できるものが多いので、目的に合うものを容易に見つけられます。なお、state.quantityはInt型なので、**図8.8**の補完候補にはInt型に対して利用できるAPIが表示されています。Truthにはいろい

注3　次節で説明します。
注4　https://truth.dev/

第8章 Composeのテスト
UIコンポーネントのテストを書いて信頼性の高いUIを構築しよう

図8.8 利用できるassert APIの一覧

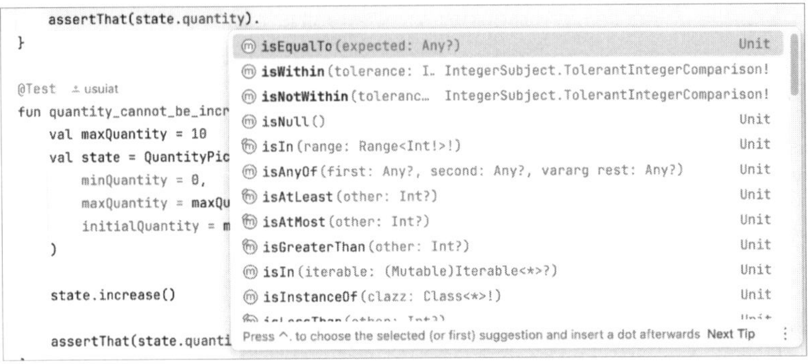

ろな型を検証するAPIが多数用意されています。

○ 依存の追加

Truthを利用するには、プロジェクトに依存を追加する必要があります。最新のバージョン番号はGitHub[注5]で確認できます。

```
libs.versions.toml
[versions]
truth = "1.4.4"

[libraries]
truth = { group = "com.google.truth", name = "truth", version.ref = "truth" }
```

```
build.gradle.kts(:app)
dependencies {
    testImplementation(libs.truth)
}
```

ロジック分離の恩恵

本節のはじめに述べたように、QuantityPickerStateTestにはCompose特有のテクニックは出てきておらず、通常のKotlinのクラスの単体テストとして記述できました。その理由は、QuantityPickerStateがUIとは切り離された通常のKotlinのクラスだからです。

前述のサンプルでは、コンポーザブル関数(QuantityPicker)とロジック(QuantityPickerState)を分離しています。これは第6章で説明したように、

注5 https://github.com/google/truth/releases

コンポーザブル関数がUI構造の表現に専念でき、同時にロジックの凝集度が上がって読みやすくなるメリットをもたらします。それに加えて、ロジックがコンポーザブル関数から分離されることで、ロジックのテストが書きやすくなるメリットもあることが分かります。

8.5 コンポーザブルの振る舞いの検証

本節では、コンポーザブルを操作したときの振る舞いが期待どおりかどうかを検証するテストを作成します。ここで興味があるのはコンポーザブルとUIロジックを接続する部分で、以下の2点です。

・タッチやジェスチャーなどのイベントを正しく検出して、状態更新の処理が呼び出されること
・状態が更新されたときに表示が更新されること

状態更新処理の中身の妥当性は、前節で説明したUIロジックの単体テストで担保しているので、ここでは気にしません。

Robolectricの導入

はじめに、テストの実行環境を準備します。

コンポーザブルの振る舞いをテストするには、Androidの実行環境が必要です。最もシンプルな方法は、実機やエミュレータでテストを実行することです。

しかし、実機やエミュレータでの実行は、不安定かつ時間がかかります。これは、特にCI(Continuous Integration、継続的インテグレーション。コードを変更するたびに自動的にテストを実行する仕組みのこと)を活用する場合に深刻な問題になります。CI環境でエミュレータを安定して動かすのは難しく、コードに問題がないのにテストが失敗するケースが頻発するのが現状です。

そこで、**Robolectric**を利用します。Robolectricは、実機やエミュレータを必要とせずにAndroidのテストを実行できるテストフレームワークです。Robolectricを利用することで、短い時間でテストを実行でき、かつCI環境でも安定してテストを実行できます。

第8章 Composeのテスト
UIコンポーネントのテストを書いて信頼性の高いUIを構築しよう

○ 依存の追加

Robolectricを利用するには、プロジェクトに依存を追加する必要があります。最新のバージョン番号は「robolectric.org」[注6]で確認できます。

```toml
# libs.versions.toml
[versions]
robolectric = "4.13"

[libraries]
robolectric = { group = "org.robolectric", name = "robolectric", version.ref = "robolectric" }
```

```kotlin
// build.gradle.kts(:app)
android {
    (省略)
    testOptions {
        unitTests {
            isIncludeAndroidResources = true  ――❶
        }
    }
}

dependencies {
    testImplementation(libs.robolectric)
}
```

build.gradle.ktsには、testImplementationで依存を追加する記述に加えて、testOptionsの追記が必要です(❶)。

ComposeTestRuleの利用

コンポーザブルのテストに欠かせないのがComposeTestRuleというテストルールです。テストルールは、JUnitと連携してテストの準備や後処理、結果のレポートなどを実行する仕組みです。ComposeTestRuleはテスト対象のコンポーザブルのエントリーポイントを提供し、さらにコンポーザブルの操作と検証の手段を提供します。

ComposeTestRuleを利用するには、testソースセットに依存を追加する必要があります。

注6 https://robolectric.org/

8.5 コンポーザブルの振る舞いの検証

```build.gradle.kts(:app)
dependencies {
    testImplementation(libs.androidx.ui.test.junit4)
}
```

テストコードの大枠

では、QuantityPicker コンポーザブルを検証するテストコードを説明して
いきます。まずはコードの大枠から確認します。

```QuantityPickerTest.kt
@RunWith(RobolectricTestRunner::class) ──❶
class QuantityPickerTest {

    @get:Rule
    val composeTestRule = createComposeRule() ──❷

    @Test
    fun quantity_should_be_increased_when_button_is_tapped() { ──❸
        （省略）
    }

    @Test
    fun quantity_should_be_decreased_when_button_is_tapped() { ──❹
        （省略）
    }

    @Composable
    fun QuantityPickerTestContent(initialQuantity: Int) { ──❺
        （省略）
    }
}
```

コンポーザブルのテストは、UIロジックのテストとは別のクラスを作成し
て記述します。test ソースセットに QuantityPickerTest.kt を作成し、
QuantityPickerTest クラスを作成します[注7]。

❶で、Robolectric を使ってこのクラスのテストケースを実行することを指
定しています。RobolectricTestRunner は、テストを実行するための Android
のシミュレーション環境を提供します。これを @RunWith アノテーションで指

注7 ここでは Robolectric を使ってローカルマシンで実行する前提で、テストコードを test ソースセッ
トに配置しています。実機やエミュレータでテストを実行するには、テストコードを androidTest
ソースセットに配置します。

定することで、QuantityPickerTestに記述したComposeのテストコードがローカルマシン内で実行できるようになります。

❷ではComposeTestRuleを取得しています。取得したComposeTestRuleはクラス内の各テストケースで利用するため、変数に格納しておきます。@get:Ruleアノテーションは、この変数が保持するテストルールを利用してテストを実行することを、JUnitに伝えます。

❸と❹がテストケースです。QuantityPickerに期待する振る舞いとして、以下の2項目をテストします。

・数量を増やすボタンをクリックしたときに、数量の表示が増えること
・数量を減らすボタンをクリックしたときに、数量の表示が減ること

これらのテストケースの内部でComposeTestRuleを利用します。

❺では、テスト対象のコンポーザブル関数を定義しています。コンポーザブル関数は個別のテストケースの中に書くこともできますが、共通のコードになる場合は、このように関数として切り出すとテストケースの記述が短くなります。

ここまでをまとめると、コンポーザブルの振る舞いのテストは、ComposeTestRuleを使って記述し、Robolectricが提供するテスト環境上で実行します。

テストの実行方法は、前節のUIロジックのテストと同じです。

テストケースのコード

では具体的なテストケースを確認します。quantity_should_be_increased_when_button_is_tappedは、数量を増やすボタンをクリックしたときに、数量の表示が増えることを検証するテストケースです。コードは下記のとおりです。

```
@Test
fun quantity_should_be_increased_when_button_is_tapped() {
    // 準備
    composeTestRule.setContent {
        QuantityPickerTestContent(1)          ❶
    }

    // 実行
    composeTestRule
        .onNodeWithContentDescription("Increase quantity")    ❷
        .performClick()
```

8.5 コンポーザブルの振る舞いの検証

```
    // 確認
    composeTestRule
        .onNodeWithText("2")          ❸
        .assertExists()
}
```

コンポーザブルのテストケースも、準備(❶)、実行(❷)、確認(❸)のステップでコードを記述します。全てのステップで、先ほど取得したcomposeTestRuleを利用しています。

もう一つのテストケースのquantity_should_be_decreased_when_button_is_tappedのコードは割愛しますが、上記のコードと同じ構成です。

⭘ 準備 ── コンポジションの構築

準備ステップでは、テスト対象となるコンポジションを構築しています。

```
composeTestRule.setContent {
    QuantityPickerTestContent(1)
}
```

setContentはComposeのエントリーポイントを提供する関数です。ラムダ内で呼び出したコンポーザブル関数から、テスト対象のコンポジションを構築します。

ここでは、別関数として定義したQuantityPickerTestContentを呼び出しています。QuantityPickerTestContentのコードは下記のとおりです。引数として受け取ったinitialQuantityを使ってQuantityPickerStateを作成し、QuantityPickerを呼び出すシンプルなコンポーザブル関数です。

```
@Composable
fun QuantityPickerTestContent(initialQuantity: Int) {
    val state = remember {
        QuantityPickerState(
            minQuantity = 0,
            maxQuantity = 3,
            initialQuantity = initialQuantity
        )
    }
    QuantityPicker(state = state)
}
```

⭘ 実行 ── コンポーザブルの操作

実行ステップでは、数量を増やすボタンをクリックする処理を記述しています。

297

第8章 Composeのテスト
UIコンポーネントのテストを書いて信頼性の高いUIを構築しよう

```
composeTestRule
    .onNodeWithContentDescription("Increase quantity")
    .performClick()
```

onNodeWithContentDescriptionは、テスト対象のコンポジションから、contentDescriptionが"Increase quantity"に等しいコンポーザブル（ノード）を検索して取得します。そして、取得したコンポーザブルに対してperformClickでクリック処理を実行します。

QuantityPickerのコードを再確認しましょう。数量を増やすボタンのIconのcontentDescriptionに"Increase quantity"を定義していました。今回のテストではこれを利用しています。

```
@Composable
fun QuantityPicker(（省略）) {
    （省略）
    IconButton(
        enabled = !state.isMaxQuantity(),
        onClick = { state.increase() }
    ) {
        Icon(
            painter = painterResource(R.drawable.plus_circle),
            contentDescription = "Increase quantity"
        )
    }
    （省略）
}
```

注意事項として、contentDescriptionはIconに設定されていますが、onNodeWithContentDescriptionで取得されるコンポーザブルはIconの親のIconButtonです。ButtonやIconButtonなどいくつかのコンポーザブルは、子コンポーザブルのcontentDescriptionを自分自身のcontentDescriptionとして扱います。

同じことは文字列を検索するonNodeWithTextでも起こります。Buttonの子にTextを配置してonNodeWithTextで検索すると、取得されるのはTextではなくButtonになります。

onNodeWithContentDescriptionのように、特定の条件を満たすコンポーザブルを探して取得するAPIをFinderと呼びます。**表8.1**に代表的なFinderを示します。

298

8.5 コンポーザブルの振る舞いの検証

表8.1 代表的な Finder API

Finder	用途
onNodeWithText	指定した文字列を表示しているコンポーザブルを検索する
onNodeWithContentDescription	指定した文字列を contentDescription に持つコンポーザブルを検索する
onNodeWithTag	指定した文字列が Modifier.testTag に指定されているコンポーザブルを検索する
onNode	has〜や is〜で定義される Matcher という API を組み合わせて柔軟な検索条件を指定できる[注8]

表8.2 代表的な Action API

Action	用途
performClick	コンポーザブルをクリックする
performTextInput	TextField などに指定した文字列を入力する
performTouchInput	クリック、スワイプ、ピンチなどさまざまなジェスチャーをコンポーザブルに送信する[注9]

また、performClick のようにコンポーザブルを操作する API を Action と呼びます。**表8.2**に代表的な Action を示します。

○ 確認 ── コンポーザブルの検証

最後の確認のステップでは、コンポーザブルが表示している数量が増加していることを検証しています。

```
composeTestRule
    .onNodeWithText("2")
    .assertExists()
```

onNodeWithText で、「2」を表示しているコンポーザブルを検索して取得しています。そして、assertExists で条件にマッチしたコンポーザブルが存在することを検証しています。

assertExists のように、コンポーザブルの状態を検証する API を Assertion と呼びます。**表8.3**に代表的な Assertion を示します。

注8　利用できる Matcher API は「androidx.compose.ui.test - developer.android.com」(https://developer.android.com/reference/kotlin/androidx/compose/ui/test/package-summary) を参照してください。

注9　利用できるジェスチャーは「TouchInjectionScope - developer.android.com」(https://developer.android.com/reference/kotlin/androidx/compose/ui/test/TouchInjectionScope) を参照してください。

第8章 Composeのテスト
UIコンポーネントのテストを書いて信頼性の高いUIを構築しよう

表8.3 代表的なAssertion API

Assertion	用途
assertExists	コンポーザブルが存在することを検証する
assertDoesNotExist	コンポーザブルが存在しないことを検証する
assertTextEquals	コンポーザブルが表示している文字列を検証する
assert	has〜やis〜で定義されるMatcher APIを組み合わせて柔軟な検証条件を指定できる

8.6 コンポーザブルの表示の検証

ここまでのテストで、UIイベントが発生すると状態が適切に更新され、表示に反映されることは確認できました。あとは、各状態における表示内容が想定どおりかどうかを確認できれば、本章のはじめに説明したUI処理のステップの全てを網羅できることになります。

状態に応じた表示の確認には、プレビューを利用します。プレビューの概要は第2章で説明しましたが、ここではテストの観点でプレビューの活用について説明します。

状態ごとの表示結果をプレビューする

QuantityPickerの表示のバリエーションは、数量が下限に等しい場合、上限に等しい場合、どちらでもない場合の3つです。数量が上限または下限に等しい場合は、ボタンがdisable状態になります。状態ごとの表示結果をもれなく確認するために、この3つのバリエーションのプレビューを作成します。

3つのバリエーションのプレビューを作成するには、それぞれの状態を表すQuantityPickerStateオブジェクトを作成し、QuantityPickerの引数として渡します。コードを下記に示します。

QuantityPicker.kt
```kotlin
@Composable
@Preview
fun QuantityPickerPreviewMinQuantity() {
    val state = QuantityPickerState(
        minQuantity = 0,
        maxQuantity = 99,
```

300

```
        initialQuantity = 0 // 数量が下限
    )
    QuantityPicker(state = state)
}

@Composable
@Preview
fun QuantityPickerPreviewMaxQuantity() {
    val state = QuantityPickerState(
        minQuantity = 0,
        maxQuantity = 99,
        initialQuantity = 99 // 数量が上限
    )
    QuantityPicker(state = state)
}

@Composable
@Preview
fun QuantityPickerPreview() {
    val state = QuantityPickerState(
        minQuantity = 0,
        maxQuantity = 99,
        initialQuantity = 1 // 下限でも上限でもない
    )
    QuantityPicker(state = state)
}
```

プレビューの結果を図8.9に示します。数量によってボタンの状態が変化し、上限値または下限値の場合はボタンの色が薄くなっていることを確認できます。

状態ホイスティングの恩恵

状態に応じたプレビューを作成できるのは、状態ホイスティングの恩恵です。

第6章で説明したように、状態ホイスティングはコンポーザブルをステー

図8.9　3つのバリエーションのプレビュー

図8.10 任意の状態を入力してプレビューを作成

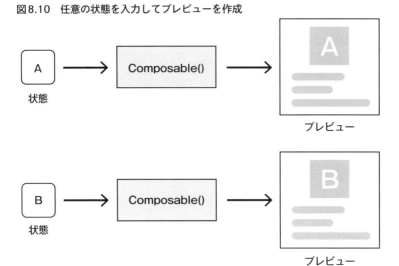

トレスにします。コンポーザブルがステートレスであれば、表示内容は引数によって決まります。したがって、任意の状態を作成して引数として渡せば、その状態を表示するコンポーザブルのプレビューを作成できます（**図8.10**）。

QuantityPickerもステートレスなコンポーザブルなので、先述の3種類のプレビューを作成することができました。もしもコンポーザブルがステートフルだと、コンポーザブルの外部から状態を指定できないので、所望の状態を表示するプレビューを作ることは難しくなります。

さまざまな環境でテストする

プレビューでは、画面サイズや端末の設定など、さまざまな環境における表示を確認できます。複数の端末を用意したり設定を変更したりしなくても表示を確認できるだけでなく、一度プレビューを用意しておけば、コードを変更するたびにいろいろな環境での表示をまとめて確認できるというメリットがあります。

図8.11は、QuantityPickerを用いた注文カードのプレビューです。ダークモードのオンとオフ、テキストサイズの設定を変えた3種類の環境におけるプレビューを作成しています。

コードは下記のとおりです。

8.6 コンポーザブルの表示の検証

図8.11 異なる環境におけるプレビュー

```
@Preview
@Preview(uiMode = Configuration.UI_MODE_NIGHT_YES)
@Preview(fontScale = 2.0f)
@Composable
fun OrderCard() {
    ComposebooksamplesTheme {
        Card(modifier = Modifier.width(250.dp)) {
            (省略)
        }
    }
}
```

プレビューの環境を指定するには、@Previewアノテーションの引数を利用します。uiMode引数ではダークモードのオンとオフを、fontScaleではテキストサイズを指定できます。

また、1つのコンポーザブル関数に複数の@Previewアノテーションをつけることができます。上記のコードでは3つの@Previewアノテーションをつけているので、3つのプレビューが表示されます。

@Previewの引数で指定できる環境のうち、代表的なものを**表8.4**にまとめます。

アプリの品質を保つ上で、ロケールや文字サイズを変更してもアプリの表示が乱れないことは重要ですが、実際の端末やエミュレータでの確認は面倒です。プレビューをうまく活用して省力化しつつ、アプリの品質を高めましょう。

第8章 | Composeのテスト
UIコンポーネントのテストを書いて信頼性の高いUIを構築しよう

表8.4 @Previewの引数による環境指定

引数	説明
uiMode	ダークモードのオン／オフを指定する。設定値は Configuration.UI_MODE_NIGHT_YES または Configuration.UI_MODE_NIGHT_NO
apiLevel	API Level を指定する。Compose は API Level による動作の差異は少ないが、例えば API Level 32 以前と 33 以降では日本語文字列の位置の揃え方が異なる。そのような差異を確認したい場合に有用
locale	ロケールを指定する。多言語対応しているアプリにおいて、異なる言語での見え方を確認できる。設定値は "en"、"ja" など
fontScale	端末の設定で文字のサイズを変更した場合の表示を確認できる。文字サイズを大きくしたときに、文字とそれ以外のバランスがおかしくなっていないか、レイアウトが破綻していないかを確認できる。0.01以上の任意の値を指定できるが、一般的な端末で使われる値は0.85〜2.0の範囲
device	デバイスの種類を指定する。異なる画面サイズでの見え方を確認するのに便利。設定値は Devices.PIXEL_7 など具体的なデバイスを指定するものと、一般的なデバイスを表す Devices.PHONE、Devices.FOLDABLE、Devices.TABLET などがある

スクリーンショットテストによる差分検出

　ここまで、さまざまな状態や環境におけるコンポーザブルの表示を、プレビューを利用して効率的に確認する方法を説明してきました。しかし、プレビューを使ってもなお、全ての画面の全ての状態を目視で確認するのは大変です。そこで、スクリーンショットテストを利用します。

　スクリーンショットテストは、コードの変更前後で画面のスクリーンショットを撮影して比較し、表示内容が変化していないかどうかを検証するテストです。ライブラリの更新など、アプリ全体に影響があるような場合に、アプリの全ての画面の検証を一括で実施できます。また、目視では気付きにくい微妙なレイアウトの変化にも気付くことができます。

　Composeアプリのスクリーンショットテストは、これまではいくつかのサードパーティライブラリを組み合わせて実現されてきましたが、2024年6月の Google I/O で Android 公式ツールとして **Screenshot Testing** が発表されました。ここでは、今後の普及が期待される Screenshot Testing の使い方を紹介します。ただし本書執筆時点ではまだalpha版なので、今後使い方が変更になる可能性があることはご了承ください。

○ 準備

　Screenshot Testing を利用する条件は下記のとおりです。新しいツールのため、やや厳しめの条件となっています。

8.6 コンポーザブルの表示の検証

- Android Gradle 8.5.0-beta01以上
- Kotlin 1.9.20以上
- Compose Compiler 1.5.4以上

はじめに、プロジェクトに依存を追加します。libs.versions.tomlに"com.android.compose.screenshot"のバージョン番号とプラグインidを定義します(❶❸)。また、ui-toolingライブラリの依存が追加されていることを確認します(❷)。

```
libs.versions.toml
[versions]
screenshot = "0.0.1-alpha07" ─❶

[libraries]
androidx-ui-tooling = { group = "androidx.compose.ui", name = "ui-tooling" } ─❷

[plugins]
screenshot = { id = "com.android.compose.screenshot", version.ref = "screenshot"} ─❸
```

build.gradle.ktsでプラグインを追加し(❹)、enableScreenshotTestにtrueを指定します(❺)。

また、後で詳しく説明しますが、Screenshot Testingはscreenshotソースセットにテストコードを記述してスクリーンショットを撮影します。そのため、screenshotTestImplementationでui-toolingの依存を追加します(❻)。

```
build.gradle.kts(:app)
plugins {
    alias(libs.plugins.screenshot) ─❹
}

android {
    experimentalProperties["android.experimental.enableScreenshotTest"] = true ─❺
}

dependencies {
    screenshotTestImplementation(libs.androidx.ui.tooling) ─❻
}
```

さらに、Gradleの設定ファイルのgradle.propertiesにenableScreenshotTest=trueを設定します。

第8章 Composeのテスト
UIコンポーネントのテストを書いて信頼性の高いUIを構築しよう

```
gradle.properties
android.experimental.enableScreenshotTest=true
```

○ プレビューの作成

Screenshot Testingは、モジュール内のscreenshotソースセット内に作成したプレビューのスクリーンショットを撮影します。

まずはscreenshotソースセットを作成します（**図8.12**）。Android Studioの「Project」ペインで「Project」ビューを選択し、「src」ディレクトリを右クリックして「New」➡「Directory」の順に選択します。「New Directory」ウィンドウが表示されるので、「screenshotTest/kotlin」を選択し、Enterを入力します。

ソースセットが作成できたら、パッケージを作成します（**図8.13**）。作成された「kotlin」ディレクトリを右クリックし、「New」➡「Package」の順に選択します。「New Package」ウィンドウにパッケージ名を入力してEnterを入力します。パッケージ名は、プレビューを作成したいコンポーザブルを定義しているパッケージと同じにします。

パッケージが作成できたら、ファイルを作成してプレビューを記述します。ここではQuantityPickerScreenshots.ktとします。プレビューの書き方自体は、これまでに説明したものと同じです。引数でいろいろな環境を指定することもできます。

ここでは先ほどと同じ3つの状態を表示するスクリーンショットを定義します。

図8.12　screenshotソースセットの作成

8.6 コンポーザブルの表示の検証

図8.13 パッケージの作成

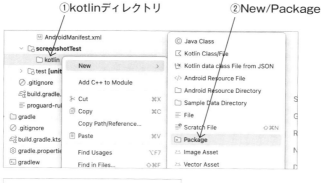

```
QuantityPickerScreenshots.kt
```
```
@Composable
@Preview
fun QuantityPickerPreviewMinQuantity() {
    (省略)
}

@Composable
@Preview
fun QuantityPickerPreviewMaxQuantity() {
    (省略)
}

@Composable
@Preview
fun QuantityPickerPreview() {
    (省略)
}
```

○ リファレンスのスクリーンショットの撮影

　スクリーンショットテストは、変更前のコードでリファレンスのスクリーンショットを撮影し、変更後のコードで撮影したスクリーンショットと比較します。

　まずは変更前のコードでupdateDebugScreenshotTestコマンドを実行してリファレンスを撮影します。Android StudioでCtrlキーを2回押して「Run Anything」ウィンドウを表示し、以下のように入力してEnterキーを押します。

307

第8章 Composeのテスト
UIコンポーネントのテストを書いて信頼性の高いUIを構築しよう

図8.14 リファレンス撮影コマンドを実行

```
Run Anything                                          Project ∨  ▽
 ⏎  ./gradlew updateDebugScreenshotTest
```

（図8.14）。

```
./gradlew updateDebugScreenshotTest
```

　成功すると、撮影した画像のファイルが src/debug/screenshotTest/
reference に保存されます。

○ 変更後のスクリーンショットを検証
　次に変更後のコードでスクリーンショットを撮影して、リファレンスのス
クリーンショットと比較します。
　ここでは、あえてテストに失敗する状況を作ってみましょう。数量を増や
すボタンの enabled の指定をうっかり削除してしまった場合を想定します。

```
@Composable
fun QuantityPicker(state: QuantityPickerState, modifier: Modifier = Modifier) {
    Row( （省略） ) {
        （省略）
        IconButton(
            // enabled = !state.isMaxQuantity(), // enabledを削除
            onClick = { state.increase() }
        ) {
            （省略）
        }
    }
}
```

　この状態で validateDebugScreenshotTest コマンドを実行してリファレン
スと比較します。

```
./gradlew validateDebugScreenshotTest
```

　テストが完了すると、app/build/reports/screenshotTest/preview/debug
に HTML 形式でレポートが作成されます。index.html を右クリックして「Open
in」➡「Browser」の順に選択して開きます（図8.15）。
　開いたレポートを確認すると、3つのテストのうち1つが失敗していること

図8.15 HTML形式のレポートを開く

が分かります(図8.16)。「Failed tests」には、リファレンスと異なる結果になったプレビューの名前が表示されます。「QuantityPickerPreviewMaxQuantity」とあるので、数量が最大のときの表示に問題が発生していることが分かります。

失敗した項目をクリックすると、リファレンスとの差分を画像で確認でき

図8.16 テストレポート(失敗した場合)

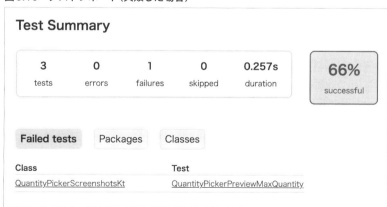

図8.17 リファレンスとの差分

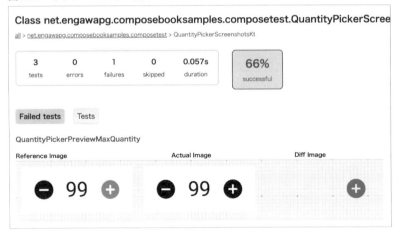

図8.18 テストレポート（成功した場合）

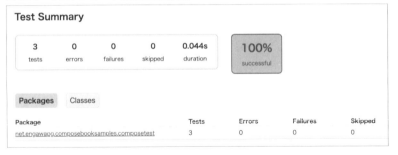

ます（図8.17）。リファレンスでは数量を増やすボタンがグレーアウトしているのに対して、実際にはグレーアウトしていません。右側の「Diff Image」を見ると、「＋」の部分が差分として検出されています。

これで「＋」の表示に問題があることが分かったので、コードを修正して再度テストします。先ほど消してしまったenabledを元に戻して、再度validateDebugScreenshotTestコマンドを実行します。

今度はテストが成功し、図8.18のように「100% successful」と表示されます。

8.7 まとめ

本章では、Composeのテストについて説明しました。

- Composeのテストの目的は、UIコンポーネント単体の動作を保証することと、さまざまな環境での表示を効率的に確認することです。

- Composeの検証を過不足なく実施するためには、UIロジックの検証、コンポーザブルの振る舞いの検証、コンポーザブルの表示の検証を行います。

- UIロジックは、通常のKotlinのクラスの単体テストとして検証できます。これは、コンポーザブル関数とロジックを分離することで得られるメリットです。

- コンポーザブルの振る舞いは、RobolectricTestRunner が提供する環境で、ComposeTestRuleを用いてテストします。

- Robolectric は、実機やエミュレータを使わずにAndroidの実行環境でテストを実行できるフレームワークです。

- ComposeTestRule は、テスト対象のコンポーザブルのエントリーポイント、目的のコンポーザブルを取得するFinder、コンポーザブルを操作するAction、コンポーザブルを検証するAssertionのAPIを提供します。

- コンポーザブルの表示は、プレビューで検証します。プレビューを利用すると、さまざまな状態や環境における表示をまとめて確認できます。

- スクリーンショットテストを利用すると、アプリ全体の画面の検証を一括で実施でき、目視では気付きにくい細かな変化にも気付くことができます。

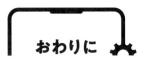

おわりに

　本書執筆のきっかけとなったのは、2021年の末から2022年の初めにかけて私の個人ブログで公開した「Jetpack Compose 入門」というシリーズ記事でした。ComposeのV1.0がリリースされて間もない頃で、私自身も勉強しながらブログを執筆していました。

　ComposeがAndroidのUI開発の新しいスタンダードになることは当時から確信していましたが、この3年間のComposeの進化と普及のスピードは目を見張るものがありました。小さな個人ブログから始まったComposeの解説記事をこのような一冊の本にまとめることができたのも、Composeが多くの開発者に親しまれ、広く利用されるようになったからこそです。

　Composeは今後も進化を続けるでしょう。新しいAPIも次々に導入されると思いますが、心配はいりません。ComposeはGoogleの公式ドキュメントやAPIリファレンスが充実しています。本書を最後まで読んでくださったみなさんなら、Composeの仕組みや概念を理解できているので、それらのドキュメントを自分の力で読み解くことができるはずです。

　Composeがますます発展し、AndroidのUI開発が一層楽しいものになることを願っています。

索引

INDEX

記号

@Composable	44, 107
@Immutable	272
@Parcelize	187
@Preview	46, 102, 303
@RunWith	295
@Serializable	151
@Stable	273
@Test	291

A

AAOS	27
Action	299
AlertDialog	110, 139, 140
Alignment	74
Android Automotive OS	27
Android TV	26
AndroidView	147
AndroidX	33
AnimatedVisibility	145
animateFloatAsState	144
Animation	36
Arrangement	74
assert	291
assertExists	299
Assertion	299

B

BOM	37
Box	67
Brush	58
by	124, 126

C

collect	223
collectAsStateWithLifecycle	237
ColorScheme	158
Column	65
Compiler	36
composable	152
Compose for TV	26
Compose for Wear OS	26
Compose Multiplatform	27
ComposeTestRule	294, 296
CompositionLocal	159, 206
compositionLocalOf	207
CompositionLocalProvider	208
contentDescription	54, 161, 298
contentScale	54
CoroutineContext	192
Coroutines	189
CoroutineScope	192

313

索引

D

data class	230
DataBinding	10
derivedStateOf	265, 267
DisposableEffect	198
dp	59

E

emit	223

F

Finder	298
Flow	20, 223
fontSize	50
fontWeight	52
Foundation	36, 53

G

Gradle	34

I

Image	52
inline	172

it, item, items

it	116
item	135
items	135

J

Jetpack	33
JUnit4	290

K

key	275
KMP	27
Kotlin Multiplatform	27
Kotlin コンパイラプラグイン	36

L

launch	190
LaunchedEffect	197
Layout Inspector	255
LazyColumn	135, 136, 277
LazyListScope	135
LazyVerticalGrid	137
ListItem	137
LocalContext	207
LTR	67

314

INDEX

M

M3 156
map 241
mapSaver 188
Material 36
Material 3 36, 48, 156
Material Design 36
MaterialTheme 159
maxLines 52
Modifier 55
  .align 78
  .alpha 265
  .background 58, 265
  .border 58
  .clickable 63, 137, 163
  .drawBehind 265
  .fillMaxHeight 69
  .fillMaxSize 69
  .fillMaxWidth 69
  .graphicsLayer 263, 265
  .height 69
  .offset 265
  .padding 60, 73
  .rotate 144, 265
  .scale 261, 263, 265
  .size 58, 68
  .verticalScroll 86
  .weight 70, 99, 122
  .width 69
Modifier 関数 264
Modifier チェーン 57
modifier 引数 56, 98, 114
MutableFloatState 82
MutableIntState 82
MutableSharedFlow 225
MutableState 82, 126, 212, 220
MVVM 233, 239, 243

N

navBackStackEntry 153
NavController 152
NavHost 152
navigate 153
Navigation Compose 148

O

onNodeWithContentDescription 298
onNodeWithText 299
OutlinedTextField 112

P

PaddingValues 133

315

索引

painterResource ·········· 53
performClick ·········· 298
popBackStack ·········· 154
Profiler ·········· 257

R

R8 ·········· 254
RecyclerView ·········· 16
Relay ·········· 28
remember ·········· 83, 182, 184, 221
rememberCoroutineScope ·········· 201
rememberNavController ·········· 152
rememberSaveable ·········· 186, 221
rememberScrollState ·········· 86
rememberUpdatedState ·········· 202
Robolectric ·········· 293
RobolectricTestRunner ·········· 295
Row ·········· 66
RowScope ·········· 122
RTL ·········· 67
Runtime ·········· 35

S

Saver ·········· 188, 221
Scaffold ·········· 132, 134
Screenshot Testing ·········· 304

sealed interface ·········· 231
setContent ·········· 43, 170, 297
Shape ·········· 59
SharedFlow ·········· 224
showBackground ·········· 102
SideEffect ·········· 195
Single Source of Truth ·········· 244
sp ·········· 50, 59
Spacer ·········· 72
SSOT ·········· 244, 248
State ·········· 82, 172, 184
StateFlow ·········· 226, 236, 240
stateIn ·········· 242
staticCompositionLocalOf ·········· 208
stringResource ·········· 49
Strong Skipping Mode ·········· 178, 253
Surface ·········· 108
suspend 関数 ·········· 189, 201
Switch ·········· 19, 102

T

Text ·········· 48
TextField ·········· 84
this ·········· 120
TopAppBar ·········· 134
toRoute ·········· 153
Truth ·········· 291

316

INDEX

U

UDF 205
UI 35
UiState 229, 236, 240

V

ViewModel 233, 236, 240
viewModelScope 236

W

Wear OS 26
WebView 146

あ

アノテーション 106
安定 176, 268, 272
委譲 123, 126
委譲プロパティ 123
エントリーポイント 43
オプション引数 111

か

拡張関数 119

型安全なナビゲーション 148
画面遷移 148
構成変更 185
コルーチン 189
コンポーザブル 44, 170
コンポーザブル関数 44, 170
コンポーズ 170
コンポジション 168, 170
コンポジションフェーズ 262

さ

再コンポーズ 82, 170, 172, 262
作用 194
状態ホイスティング 214, 301
スキップ 173, 178
スクリーンショットテスト 304
スコープ 121
ステートフル 212, 213, 302
スロット 133, 139
宣言的UI 2, 6
ソースセット 287

た

ダークテーマ 158
ダークモード 52, 302
単体テスト 282

317

索引

単方向データフロー ················ 205, 214
テーマ ······················· 52, 102, 156
デスティネーション ·················· 149
デフォルト引数 ······················ 111
トークバック ························ 160
トランジション ················ 145, 154
トレーリングラムダ ·················· 118

な

ナビゲーション ······················ 148
ナビゲーショングラフ ················ 149
名前付き引数 ························ 109

は

バックスタック ······················ 149
必須引数 ···························· 111
描画フェーズ ························ 262
不安定 ························· 176, 268
フェーズ ···························· 261
副作用 ····························· 194
プレビュー ············ 28, 46, 101, 300
冪等性 ····························· 195

ま

マテリアルデザイン···36, 115, 156, 206

命令的UI ··························· 2, 7

ら

ラムダ ····························· 115
ルート ························· 149, 150
レイアウトエディタ ···················· 9
レイアウトフェーズ ·················· 262
レシーバ ···························· 120

著者プロフィール

臼井篤志 (うすいあつし)

UI開発が好きなAndroidアプリエンジニア。

音響機器メーカーで組み込みソフトウェアエンジニアとして働きながら、個人でAndroidアプリ開発に取り組んでいたときにJetpack Composeに出会い、のめり込む。

2023年よりサイボウズ株式会社。グループウェアのAndroidアプリ開発を担当している。

個人ではComposeで画像をズーム可能にするライブラリを開発。OSSとして公開している。

DroidKaigi 2024登壇。Composeのジェスチャーについて発表した。

Blog https://engawapg.net/

X @usuiat

装丁	———————	石田 昌治（株式会社マップス）
本文デザイン、DTP	——	石田 昌治（株式会社マップス）
編集	———————	菊池 猛

詳解 Jetpack Compose
しょうかい　ジェットパック　コンポーズ
基礎から学ぶAndroidアプリの宣言的UI
きそ　　まな　　アンドロイド　　　　　　　せんげんてき ユーアイ

2024年12月12日　初版　第1刷発行

著　者	臼井 篤志
	うすい　あつし
発行者	片岡　巌
発行所	株式会社技術評論社
	東京都新宿区市谷左内町21-13
	電話　03-3513-6150　販売促進部
	03-3513-6177　第5編集部
印刷／製本	日経印刷株式会社

©2024　臼井篤志

- ●定価はカバーに表示してあります。
- ●本書の一部または全部を著作権法の定める範囲を越え、無断で複写、複製、転載、あるいはファイルに落とすことを禁じます。
- ●造本には細心の注意を払っておりますが、万一、乱丁（ページの乱れ）や落丁（ページの抜け）がございましたら、小社販売促進部までお送りください。送料小社負担にてお取り替えいたします。

ISBN978-4-297-14488-3 C3055　　　　Printed in Japan

お問い合わせ

　本書の内容に関するご質問につきましては、下記の宛先まで書面にてお送りいただくか、小社ホームページの該当書籍コーナーからお願いいたします。お電話によるご質問、および本書に記載されている内容以外のご質問には、一切お答えできません。あらかじめご了承ください。
　また、ご質問の際には「書籍名」と「該当ページ番号」、「お客様のパソコンなどの動作環境」、「お名前とご連絡先」を明記してください。

宛先

〒162-0846
東京都新宿区市谷左内町21-13
株式会社技術評論社　第5編集部
『詳解 Jetpack Compose』質問係
URL https://gihyo.jp/book/

　お送りいただきましたご質問には、できる限り迅速にお答えするよう努力しておりますが、ご質問の内容によってはお答えするまでに、お時間をいただくこともございます。回答の期日をご指定いただいても、ご希望にお応えできかねる場合もありますので、あらかじめご了承ください。
　なお、ご質問の際に記載いただいた個人情報は質問の返答以外の目的には使用しません。また、質問の返答後は速やかに破棄いたします。